第一章

肉

目前，世界范围内家兔有 60 余个品种、200 多个品系，中国约有 20 种，其中肉兔是家兔中养殖数量最多的品种。肉兔具有产肉率高、肉质好、繁殖快、效益高等优良特性，其养殖越来越受到人们的喜爱，养殖热正逐渐兴起，特别是适度规模的肉兔养殖，已在肉兔养殖业中占据了很大比例，推动了肉兔产业的快速发展。

第一节 肉兔生产的特点

一、养兔业是节粮性畜牧业

肉兔是草食性家畜，常年以青粗饲料为主，饲草占肉兔全价日粮的 40%～50%。我国有丰富的饲草资源，特别是南方地区牧草、秸秆数量巨大，且利用率低，是养殖肉兔较好的饲料资源。另外，肉兔耗料少，每只成年肉兔每天消耗饲料 150 克左右，对于拥有 13 亿人的中国，发展节粮性畜牧业、缓解人畜争粮矛盾，符合我国的基本国情，是我国现代畜牧业发展的方向。

二、肉兔繁殖快、生产周期短

肉兔是多胎动物，每胎可产 7~8 只仔兔；而且繁殖周期短，兔的妊娠期 30 天左右，而其他家畜如猪、牛、羊的平均妊娠期分别为 114、280 和 150 天；肉兔还可产仔后马上配种，每只兔可年产 7~8 胎，年产仔数达到 40 只以上；同时，随着肉兔品种的改良和现代养殖技术的提高，肉兔的出栏时间一般只需 60~80 天。

三、肉兔养殖投资少、养殖风险小

我国肉兔生产已进入由粗放型生产到精细化生产、由零星散养向适度规模化饲养、由家庭副业型向专业化养殖的过渡时期。养殖肉兔可根据养殖户的实际情况进行投资，养殖规模可根据投资金额、养殖场地和兔场的养殖技术而定，养殖规模可大可小，灵活掌握。刚开始养殖肉兔的农户，如果没有养殖经验，可小规模饲养；掌握一定养殖技术的养殖户可根据各自的情况进行适度规模饲养，以避免养殖风险，只要不是一味地追求养殖规模，在目前肉兔市场基本稳定的情况下，养殖肉兔风险很小。

四、肉兔养殖见效快、效益高

由于肉兔生产周期短，从投资到收益一般只需几个月时间，是畜禽养殖中见效较快的行业，特别适合农户适度规模饲养。一只种兔一年可生产 30~40 只商品兔，每千克母兔年产后代重可达 25 千克，显著高于猪牛羊生产的后代重；而肉兔养殖成本低，兔肉营养价值高、味道鲜美，所以养殖肉兔效益显著。另外，随着我国经济的不断发展，生活水平逐渐提高，人们更加喜爱高蛋白质、低脂肪的肉食产品，势必加速对兔肉的消费需求，国内外市场对兔肉的需求将逐渐增大，农户的养殖效益也将随着人们不断增加的肉兔需求量而逐步提高。

第二节　肉兔生产发展概况

一、世界肉兔业的发展概况

公元前 1 100 年，当时的腓尼基人在西班牙半岛发现了一种栖息在当地洞穴里的野兔可以食用，随后南欧和北非开始捕捉野兔作为食物。到 16 世纪初，在西欧法国等地开始驯化野兔，进行人工饲养和繁殖；随着人们生活水平的提高，对兔肉的需求量迅速增加，人们逐渐掌握了兔的饲养技术，许多国家逐步开始了家庭养兔业。首先是法国、意大利和西班牙，其次是德国、比利时、荷兰、瑞士等国家。到 20 世纪 70 年代，意大利、法国等国家开始了家兔的专业化、集约化生产，大大促进了世界肉兔业的发展。

21 世纪以来，世界肉兔产业迅猛发展，各国越来越重视肉兔的生产，并得到了世界粮农组织的大力支持。目前，世界兔肉总产量每年大约 200 万吨，人均消费兔肉约 0.3 千克，兔肉的消费潜力巨大。兔肉的主要生产大国有中国、法国、俄罗斯、意大利和西班牙，5 个产肉大国的产量占到了全世界兔肉总产量的 70% ~80%。西欧意大利、西班牙和法国兔肉产量约 65 万吨；东欧俄罗斯、乌克兰、匈牙利约为 43 万吨；亚洲主要以中国为主，约为 55 万吨，其他国家约为 26 万吨。世界兔肉年贸易量 6 万 ~7

万吨，进口国主要有法国、意大利、德国、比利时、瑞典等。

近年来，世界先进国家肉兔业呈现出以下显著的生产特点：首先，在发展家庭养兔的同时，出现了高度集约化、现代化的养兔场，全封闭、自动化、高密度是其现代兔场的显著特征，肉兔生产已由粗放型逐渐向集约化、现代化方向转变；其次，肉兔饲料已由原来的以干草饲料为主的饲料类型过渡到以全价配合饲料或颗粒饲料为主的饲料类型，饲喂更方便、营养更全面、效果更显著；再次，肉兔生产已由原来的纯种选育向多品种配套系、经济杂交方向发展。广泛进行三系配套或四系配套生产，充分利用育肥性能突出的父系品种，与繁殖性能优良的母系品种进行杂交，从而获得具有良好的育肥性能和经济效益的商品肉兔。

世界发达国家虽然肉兔养殖技术先进、生产设备精良，饲料成本较低，但是，其劳动力供给逐年减少，人工成本不断提高；另外，大型养殖场的发展势必给环境带来污染，环境保护和动物福利的投入也逐渐增大，其肉兔产业的发展缺乏强劲竞争力。而发展中国家劳动人口多、小规模的养兔技术较成熟，有丰富的牧草和秸秆资源，劳动力、养殖设备投资、饲料成本均较低，适度规模（100～1 000只母兔）肉兔生产投资少、见效快，已成为发展中国家肉兔养殖得天独厚的优势。

二、中国肉兔业的发展概况

中国是世界最大的养兔大国，兔肉产量和出口量均居世界第一。中国兔肉年产量约46万吨，但人平均消费却只有0.35千克，略高于世界平均消费量，与马尔他人平均消费8.89千克和意大利人平均消费5.59千克差距甚远，与葡萄牙、法国、白俄罗斯也存在一定的差距。

中国历来就有养兔的习惯，养兔业是我国传统的农副业，从
20世纪80年开始得到了快速发展，1985年，我国肉兔产量仅5
万吨，1987年就翻了一番，达到10万吨，1993年又在1987年的
基础上翻了一番，到21世纪初我国的兔肉产量达到40万吨以上，
平均每10年我国兔肉产量就翻一番，充分表明了我国肉兔产业
的飞速发展。

　　我国饲养的肉兔品种主要有新西兰白兔、日本大耳兔、加利
福尼亚兔、花巨兔、青紫蓝兔、比利时兔、垂耳兔、艾哥肉兔配
套系、齐卡肉兔配套系、中国白兔、哈尔滨白兔、塞北兔、福建
黄兔、太行山兔、豫丰黄兔、安阳灰兔等，主要分布在四川、重
庆、河北、河南、江苏、山东和山西等省、市，其兔肉生产量约
占全国总产量的80%。肉兔养殖方式多以家庭养兔为主，但近年
来，随着肉兔养殖技术的快速提高和兔肉加工业的蓬勃发展，养
兔业正由千家万户小规模养殖逐渐向规模化养殖、工厂化养殖方
向发展。我国肉兔养殖规模按基础母兔数量大体可分为大型规模
（1 000～10 000只）和中型规模（500～1 000只）、大户规模
（100～500只）和散户规模（100只以下）。目前我国肉兔养殖以
大户规模为主体，中型和散户次之，大型和超大型规模最少，但
各种规模并存的局面将在一定时间内长期保持。从我国现有兔场
的养殖经济效益来看，超大规模和大规模养殖兔场养殖效益并不
理想，而中型适度规模的养殖效益最好。

第三节　肉兔生产发展趋势

一、肉兔生产将持续增长

我国历来就有养兔的传统，早在公元前1 300年左右的殷商时期就有养兔的历史记载。我国的养兔生产大体可分为2个阶段，即20世纪60~90年代为缓慢发展阶段，每年出栏商品兔还不到1亿只；20世纪90年代以后，我国兔产业迅速发展，兔肉产量大幅度提高，1991—2009年为快速发展阶段。近年来，我国肉兔产业仍在不断地发展，呈现出持续增长的趋势。

二、适度规模养殖将成为主流

零散的肉兔养殖户容易受到市场行情的冲击，在肉兔价格高的时候盲目地进行扩张，价格低的时候却亏损严重，加之散养户养殖技术较差，能投入的资金少，因此，其抵御风险的能力弱；大规模和超大规模养殖兔场由于管理水平和养殖设备设施的局限，其肉兔生产的经济效益并不太好；相反，中型规模和大户规模的肉兔养殖场基础母兔数量适宜，养殖户已能熟练地掌握肉兔养殖技术，且需要的环境条件和保证措施容易达到，因此，适度规模的肉兔养殖场将成为今后肉兔生产的主力军。适度规模生产逐步淘汰散养户，有利于肉兔市场的价格稳定，有利于进行科学技术的推广、实现标准化生产，有利于拉长肉兔的产业链条、提高肉兔产品的的附加值、提升国际市场的竞争力。

目　录

病防控、产品加工等 10 个章节。作者根据多年的生产教学经验，并参考了其他专家的宝贵资料，吸收了最新的肉兔研究成果，努力做到内容丰富、深入浅出、循序渐进、通俗易懂，使本书具有可读性、实用性和先进性。本书适合肉兔养殖者及有关科研、教学人员阅读参考。

　　由于作者水平有限，加之编写时间仓促，书中难免有不足之处，恳请广大读者批评指正。在编写时参考了有关书籍，在此对书籍作者表示诚挚的感谢。

编　者
2014 年 8 月

前　言

　　肉兔养殖是我国传统的养殖行业，有着悠久的历史和文化。我国是世界最大的养兔大国，兔肉产量和出口量均居世界第一。20世纪50年代，我国开始肉兔生产，到21世纪初，我国的兔肉产量已突破40万吨。近年来，我国肉兔业虽经历了一些波折，但发展势头迅猛；肉兔的养殖数量逐年增加，种兔质量明显提高；农户的养殖水平逐步提高，标准化养殖逐渐形成，而且效益显著；肉兔养殖场总体数量减少，主要原因是市场的动荡导致散养户逐渐退出生产，适度规模的养殖户数量显著增加；兔肉产品加工能力增强，肉兔业发展前景广阔。

　　兔肉具有高蛋白质、低脂肪、低胆固醇的特点，且肉质鲜美，容易消化吸收，是人们理想的健康食品。我国兔肉的年人均消费量才350克左右，远远低于发达国家，兔肉的消费潜力巨大。肉兔养殖投资少、见效快、耗料少、产肉多，是农村理想的致富门路；肉兔是草食性动物，适度规模肉兔养殖符合我国节粮型畜牧业的发展要求，市场前景广阔。但是，快速增长的肉兔场必须掌握科学的养殖技术，才能在激烈的市场竞争中获得理想的养殖效益。为了提高适度规模肉兔养殖场的经济效益，促进肉兔养殖业的发展，我们编写了《适度规模肉兔场高效生产技术》一书，全书包括肉兔的生产概况、生理学特征、品种及选种、场址选择和建设、繁殖技术、营养与饲料、牧草栽培、饲养管理、疾

内容提要

　　本书系统地介绍了肉兔的生产概况、生物学特征、品种及选种方法，兔舍的建筑与环境调控，饲料配制与牧草栽培，肉兔的繁殖技术、饲养管理技术、疾病防控技术以及肉兔主要产品的综合利用技术等内容。全书内容丰富、知识新颖、图文并茂、技术先进、实用性和可操作性强；阐明了肉兔适度规模的确定方法，着重介绍了肉兔的饲养管理技术、繁育技术和疾病防控技术，既有肉兔养殖的基础理论，又有新型的实用技术。本书对广大初学养兔者、肉兔规模养殖场主、基层农业科技人员和职业学校学生均有很好的参考使用价值，是农民增产增收、脱贫致富的良师益友。

《适度规模肉兔场高效生产技术》

编 委 会

主　　编	罗文华	周勤飞	杨金龙
副 主 编	黄　勇	殷素会	陈　英
编写人员	刘佳霖	罗文华	杨金龙
	周　玲	黄　勇	周勤飞
	殷素会	曹　兰	高丽娇
	陈　英		

图书在版编目（CIP）数据

适度规模肉兔场高效生产技术／罗文华，周勤飞，杨金龙主编.
—北京：中国农业科学技术出版社，2015.1
（适度规模畜禽养殖场高效生产技术丛书）
ISBN 978 – 7 – 5116 – 1824 – 5

Ⅰ.①适⋯　　Ⅱ.①罗⋯②周⋯③杨⋯　　Ⅲ.①肉用兔 – 饲养管理
Ⅳ.①S829.1

中国版本图书馆 CIP 数据核字（2014）第 229308 号

责任编辑　　胡晓蕾　　闫庆健
责任校对　　贾晓红

出 版 者	中国农业科学技术出版社
	北京市中关村南大街 12 号　邮编：100081
电　　话	（010）82109705（编辑室）　　（010）82109703（发行部）
	（010）82109709（读者服务部）
传　　真	（010）82106625
网　　址	http://www.castp.cn
经 销 者	各地新华书店
印 刷 者	北京富泰印刷有限责任公司
开　　本	889mm ×1194mm　1/32
印　　张	8.875
字　　数	214 千字
版　　次	2015 年 1 月第 1 版　2015 年 1 月第 1 次印刷
定　　价	28.00 元

━━◆◆◆◆ 版权所有·翻印必究 ◆━━

适度规模畜禽养殖场高效生产技术丛书

适度规模肉兔场高效生产技术

罗文华 周勤飞 杨金龙 主编

U0352437

中国农业科学技术出版社

三、区域生产优势明显、产品加工更受关注

我国传统的肉兔养殖大省如四川、山东、江苏、河南、河北、重庆和福建的肉兔养殖显著快于其他省市的发展，肉兔生产仍将保持明显的优势。我国肉兔以鲜货销售为主的局面将逐步改变，我国目前肉兔加工比例小，产品附加值低，而深加工产品价格高、利润丰厚，因此，兔肉加工将越来越受到人们的重视，兔肉加工技术也逐步推广运用，为工厂化生产提供了技术保证。另外，兔肉加工也受到了其他行业企业家的关注，资本投入逐渐增加，对拉长肉兔生产链条，促进肉兔生产产生了积极的推动作用。

四、肉兔生产前景广阔

肉兔是典型的草食家畜，投资少、见效快、收益高，相对于养殖其他畜种有一定的优势。兔肉与其他畜禽产品相比具有高蛋白质、高氨基酸、高磷脂，低脂肪、低胆固醇、低能量的特点，其蛋白质含量高达21%，脂肪含量低，仅为8%，胆固醇含量低于一般肉类和鱼类。兔肉肉质细嫩，容易消化吸收，适合于大多数人食用，特别是患有动脉粥样硬化和高血压的中老人更为适宜；儿童食用兔肉有利于补钙、补血、促进大脑发育，因此，兔肉被人们誉为"健康肉"、"美容肉"和"益智肉"，人们对兔肉的消费越来越大，极大地促进了肉兔业地快速发展。另外，我国兔肉人均消费量低，与兔肉消费大国相比差4～5倍，虽然近年来兔肉出口下降，但国内市场消费量仍在上升，消费潜力巨大，因此，肉兔养殖业是一个极具发展潜力的行业。

第四节 肉兔养殖场规模的选择

肉兔场的养殖规模与其经济效益之间存在着一定的规律性。如果资金有保证，扩大兔场的养殖规模，利用先进技术、设备，采取科学的管理措施，实行现代化生产，则既能做到合理分工，提高劳动生产率，节省共同性建设投资，又可以相对减少管理人员和共同生产费用，在增加产量的同时降低单位产品成本，获得更好的经济效益。但这并不是说养殖规模越大效益就越好，事实证明，当达到一定养殖规模后，再继续扩大规模，效益不仅不会增加，反而下降。其主要原因是肉兔养殖密度增大、使疫病传播风险增加，或不便于利用原有房舍而增加基建开支，从而增加固定成本，规模过大使生产成本随饲料、产品运输距离的增加而增加，同时，又会给仓储面积、生活福利设施、贷款利息、产品的销售等方面带来困难和不利，使增加的投资及其规模的边际效益下降而出现经济效益的"衰减现象"，因此，肉兔养殖场应选择适度的规模经营。

一、衡量经营规模大小的指标

存栏量：畜牧业生产经营单位不论经营何种牲畜（或禽类），其规模大小首先体现为牲畜（或家禽）数量的多少。这一指标是最常用最直观的指标，因而也是主要的指标。

投入量：即用生产资料如兔舍、饲料、兽药、机械设备等的投入量来衡量，也就是固定资产、流动资产的投入量。这些生产资料的投入量也可用价值形态来表示，此时称为资金投入量。

产出量：对肉兔家庭养殖场主要指肉兔出栏活重、屠宰率、出栏率等指标。很多情况下都可用产出总量或销售总量来衡量规模大小。

饲养时间：对于肉用畜禽的生产，其产出量与饲养时间有密切的关系。因此，饲养时间可作为规模的一个间接衡量指标。如果说存栏只数是规模经营的横向衡量指标，则肉兔增重、出栏活重、饲养时间就作为规模经营的纵向衡量指标。二者从横纵两个方面构成一个完整的缺一不可的指标衡量体系。肉兔只数、投入量、产出量越大，则规模越大；反之，越小。肉兔只数、投入量、产出量三者变动趋势是一致的。投入量与产出量一般地讲往往又取决于肉兔只数。

二、适度规模经营的评价指标

经营规模是否最佳，关键在于其规模是否"适度"，规模经营是否适度，体现为其规模是否使技术和经济指标达到了最佳状态，这需要用一些指标来衡量和评价。对于肉兔家庭养殖场主要用以下指标来衡量规模的"适度"与否。

单位产品成本：在一定条件下，最佳的规模应是使此条件下的单位产品成本最低的规模。

纯收入或利润：在一定条件下，纯收入最大才能说明在此条件下的规模取得了最好的经济效益。

肉兔的生产水平：最佳规模应是使兔群和单个肉兔发挥最大的生产能力，使产量增加。

资金利润率和成本利润率：这2个相对指标越大，说明规模的效益越好。适度规模经营的资金利润率与成本利润率应是在"一定条件下"最高的。

劳动生产率：适度规模经营的劳动生产率即平均每个职工在单位劳动时间内生产的产品数量应比非适度规模经营的情况下更高。

以上几个指标既有产量方面的指标，又有效益方面的指标，它们相互联系，相互制约，构成评价肉兔适度规模经营的指标体系。

三、适度规模的确定方法

确定肉兔养殖场合理规模的方法有多种，可采用最低成本法、边际分析法、成本效益曲线法和适者生存法等。根据市场经济要求采用适者生存法为好。

适者生存法就是根据肉兔养殖场生存原理确定养殖场的合理规模。该方法就是考察各时期不同饲养规模的肉兔养殖场的产值在肉兔养殖业产值中比重变化来确定效益最好的养殖场规模。具体选择办法是确定在肉兔养殖业中所占比重较稳定的肉兔养殖场的饲养规模为最佳规模。可用下列公式表示：

$$VA_{it0} / VA_{jt0} = VA_{it1} / VA_{jt1} = VA_{it2} / VA_{jt2}$$

式中，VA 代表产值，i 代表规模层，j 代表肉兔养殖业，$t0$、$t1$、$t2$ 代表不同时期。该式表明，如果某一规模层，在若干个不同时期其产值占全部产业比重较为稳定，则视该规模为最佳规模。

四、不同肉兔养殖规模实例

集约化生产：饲养基础母兔 1 500～2 000 只，公兔 80～100 只，年产商品兔 8 万～12 万只，平均每只母兔提供商品兔 53～60 只。这种规模肉兔养殖投资 300 万～500 万元，占地面积 10～15

亩（15 亩 = 1 公顷。全书同），饲养管理人员 15 ~ 20 人。对肉兔品质质量、厂场设计、饲养技术以及兔场经营管理要求较高。

一般养殖规模：饲养基础母兔 200 ~ 300 只，公兔 20 ~ 30 只，年产商品兔 0.5 万 ~ 0.8 万只，平均每只母兔提供商品兔 25 ~ 27 只。这种规模肉兔养殖投资 20 万 ~ 30 万元，占地面积 2 ~ 3 亩，饲养员 1 ~ 2 名，对养殖技术和种兔质量有一定要求，适合畜牧创业投资或家庭规模养殖。

家庭小规模养殖：饲养母兔 20 ~ 30 只，公兔 5 ~ 6 只，年产商品兔 300 ~ 540 只，平均每只母兔提供商品兔 15 ~ 18 只。这种养殖规模投资 1 万元左右，采用因地制宜的方式，可充分利用农村副产物，适合农村散养。

除上述 3 种肉兔养殖规模外，还有大型肉兔养殖产业化集团，此类养殖规模的确定和生产经营方向需要专业人员论证。

第二章

家兔的生物学特性

第一节　家兔解剖学特点

一、骨骼

　　家兔全身骨骼共 275 块，构成身体的支架。前肢较短而弱，后肢较长而有力。前、后脚各有 5 趾，第 1 趾短，特别是后脚的第 1 趾隐在毛内几乎看不到，除第 1 趾外的每趾都有 3 节趾骨。末节趾骨的头端有略弯的指爪，极为锐利。家兔全身有 300 多块肌肉，肌肉总重量约为体重的 35%。家兔的前半身肌肉不发达，而后半身肌肉很发达。

　　相对于猫的骨骼占全身重量的 12%～13% 来说，家兔的骨骼是较为纤弱的，仅占全部体重的 7%～8%。胫骨骨折是一个潜在的问题。家兔有一对强而有力的后脚，可以猛烈地向后踢去。如果抓起家兔时没有将其适当的保定住，它们向后踢的动作往往造成脊椎骨破裂（几乎总是发生在第 7 腰椎），并导致脊髓的损伤。因此，对家兔适当的保定是预防家兔及管理者受伤的基本要素。

　　家兔的肩胛骨棘下窝呈锐利的三角形，肩峰的上膊突呈倒勾状。家兔的髋臼是由肠骨、坐骨亦即一小型附属骨——髋臼骨所组成，而不包括耻骨在内。而其他动物髋臼的组成却是由肠骨、坐骨加上耻骨而成。股骨的转子窝是骨内输液常使用的地方，可以经由触摸大转子的突起而轻易地找到它的位置。

家兔的身体外观及耳朵大小在不同品种间有极大的差异，因此有相当多的名词被用来形容各种家兔不同的体型及耳朵的垂下。侏儒兔的体型小而矮胖，有如鹅卵石一般，故被形容为"cobby"；比利时兔瘦长的身躯常被称为"racy"；大型巨兔则因为高而弯曲的背脊线经常超过下半身，而被形容如同"曼陀琳"一般。大部分家兔的耳朵不论长短都是朝上，但是有些品种的耳朵则是向下，有这种耳朵的家兔被称为"lops"。

二、消化系统

(一) 口腔

家兔具有草食动物的典型齿式，门齿呈凿型，没有犬齿，臼齿发达；家兔的嘴巴开口极小，而在上唇部分有一道沟区分左右，并向上弯与鼻翼相接，这也是"兔唇"这一名称的由来，便于采食地上的矮草和啃咬树皮。家兔的牙齿呈弯曲形，不论门齿或臼齿皆会持续地生长。如果牙齿的接合不良，那它们的磨损就会不均匀，导致咬合不正的问题发生，出现食物不易摄入或是厌食的现象。家兔有4对唾液腺，分别是耳下腺、颌下腺、舌下腺和眶下腺，其中眶下腺是家兔所独有的，位于内眼角底部。

家兔下巴的肌肉向前及向后延伸，造成一种较大的口腔虚像，但事实上却不然。下颚能够自由的向前、向后及上下垂直活动，但向左、右的活动则受到限制，这是因为形成颞颚关节的关节突是呈纵向延伸的。在家兔身上使用气体麻醉时，在气管内插管过程较困难，这是因为家兔的嘴巴过小、臼齿与舌头相对较大，以及口腔较深的缘故。下巴肌肉的放松是麻醉达到效果的象征。如果在插管过程中不留意，很容易造成家兔口腔及呼吸道的伤害，必须小心。

（二）腹腔

家兔的腹腔较大，胃肠道相对较长，其内容物可占家兔全身重量的 10% ~20% 。这是使用静脉内注射麻醉药物时计算剂量的重要依据。在腹腔中最大的 2 个器官分别是胃及盲肠。

（三）胃

家兔胃是单室胃，容积较大，占消化道总容积的 34% 。胃是一个储存大部分已消化食物的器官，但是未消化的饲料以及粪团往往也可在胃中发现。家兔胃肌肉层薄弱，蠕动力小，饲料在胃内停留时间相对较长。饲料在胃内停留的时间与饲料种类有关，也与胃内形成毛球的概率密切相关。家兔的胃壁非常薄，常常在尸解中被发现已经破裂，这是因为死后细胞分解造成气体快速膨胀所致。胃的入口处有一肌肉皱褶，加之贲门括约肌的作用，使得家兔不能嗳气也不能呕吐，所以消化道疾病较为多发；然而，家兔的贲门及幽门部发育得极为良好，由于贲门部及胃的解剖学上位置排列的关系，家兔是无法呕吐的。幽门部到十二指肠之间呈现极剧烈的角度转变，并常受到十二指肠的压迫。当胃部膨胀时，或当毛球、气体、肝肿大压迫到胃时，都会导致幽门部的收缩，而阻止胃内容物的排出。

（四）小肠

家兔的十二指肠及空肠拥有较小的空腔。在回肠的末端近盲肠处则膨大形成圆小囊（sacculus rotundus）的结构。这是一个由大量的淋巴滤泡所组成的蜂窝状结构，有时亦被称为回盲肠间的扁桃腺（ileocecal tonsil）。这也是食入异物最容易阻塞的地方。

（五）大肠

家兔的盲肠（cecum）发达，有一个大型、薄壁的螺旋形盲肠，占消化道总容积的49%左右，与体长相当，其作用与反刍动物的瘤胃相似。阑尾厚壁、苍白、呈蠕虫状，如同圆小囊一般，也是一个具有丰富淋巴组织的结构。盲肠是家兔腹腔中最大且最突出的器官。它沿着腹壁内侧螺旋状伸展，在腹腔中约折了3折。一般而言，盲肠内容物呈现半液体状。家兔的盲肠富含淋巴组织，如蚓突和圆小囊，还可以分泌碱性黏液（pH值为8.1～9.4），中和盲肠的酸性环境，利于微生物的活动。

结肠的特征为连续的囊状以及纵带的出现。它是起自称为大肠瓶（ampulla coli）的盲肠段。在近端结肠与远程结肠之间被肠钮（fusus coli）所隔开。这是一段较为厚实的结肠，聚集着大量的神经节细胞，负责肠管收缩步调的调整，已达到掌控2种粪便排出的目的。

结肠肌肉的收缩可以导致食物中纤维及非纤维部分的分离。蠕动性的收缩将纤维快速的移过结肠，随硬粪（hard feces）排出。抗蠕动性收缩则将非纤维性颗粒与液体等反向送回盲肠，以便发酵作用的进行。在这期间，盲肠也可经由收缩，将它的内容物及发酵产物送入结肠，由肛门排出体外，再被家兔食入。于是，这些细菌的代谢产物可以在肠道内直接吸收，或由家兔重新食入排出的盲肠内容物等2种方式，被家兔利用。后者的消化行为被称为食粪（coprophagy）或盲肠生成（cecotrophy）。这种可被重新利用的盲肠内容物又被称为软粪（soft feces）、晚粪（night feces），以及盲肠生成物（cecotrophes）。这种粪便一般是呈串状排出，而不像硬粪是一粒粒的排出。盲肠生成物被包裹在一层黏液组成的薄膜内，在酸性的胃中形成一道屏障，但在碱性的小肠中则可被再吸收。

（六）胰脏，肝脏及胆囊

虽然胰脏的位置离十二指肠极近，但是家兔的胰脏非常的分散，常常很难与其周围的肠系膜加以区隔。

家兔有一个小而圆的肝叶，被称为尾叶，其与肝脏的背及横隔部位仅以一狭窄杆状部分加以连结。这个杆状部位是最容易发生异位的部分，但尾叶的扭转在文献报道中并不常见。

如果自腹部中线进入，胆囊的位置是隐藏在腹腔的深层。家兔的胆管与胰管各由不同的开口进入十二指肠。在家兔的胆汁分泌中，像一般非哺乳动物分泌胆绿素，而不是分泌胆红素。

三、心血管系统

家兔有一个相对较小的心脏，约只占全身体重的0.3%。它的右侧房室瓣是仅由2片瓣膜所构成，而不同于其他动物是由3片瓣膜所构成的。

家兔心脏的大小也直接与它的体型大小相关。组织内氧气的供给增加，受限于心脏大小的限制，而无法经由增加每次心跳时心室打出的血量来达成。然而，心跳速率的调整则有相当大的弹性空间，例如，体型较小的心跳速率会较体型较大家兔的快。一般家兔的正常心跳速率为每分钟180~250次。虽然家兔的心脏较小且心跳相当快，定量多普勒心脏超音波仍能有效地用于评估它们的结构及功能。

家兔的肺动脉肌肉肿胀使得其肺动脉壁较所有其他动物更厚、更结实。过敏反应致死多是由于肺性高血压的结果，尸解时往往可以观察到肺动脉严重的收缩，但右心则呈现明显的扩大现象。

家兔的静脉壁则相当薄，因此在抽血及输液过程中常有血肿形成，要避免这种现象的发生，选择铁氟龙的导管及使用均匀的压力是很重要的。

四、呼吸系统及胸腺

家兔是一种以鼻子呼吸为主的动物，这种特性对临床诊疗及麻醉上都有重要的影响。当家兔上呼吸道发炎时，会加重非气管内插管麻醉时的死亡率。胸腺在成兔时期仍然存在，位于心脏的腹面，向前延伸进入前胸口。相对于它们宽广的腹腔，家兔的胸腔小了许多，因此它们的呼吸主要是依赖横膈膜的收缩。这种呼吸的特性也带来一种特殊的人工呼吸方式：将家兔水平悬于半空中，一手抓住前脚，另一手抓住后脚，以每次 2 秒的间隔将家兔作弯曲伸展的动作。

五、泌尿系统

大部分的哺乳动物的肾脏是由多个肾乳头组合而成的，但是家兔与啮齿动物却只有一个肾乳头及一个肾盂，然后就直接进入输尿管。

家兔泌尿系统的可塑性尚未被人们完全了解。在澳洲沙漠地带的家兔具有大的肾脏、强力的尿液浓缩能力、小的肾上腺及低量的循环性丁醛酮（aldosterone）；而在澳洲高山地带的家兔的肾脏则较小，且至少在重量上轻25%，有较大的肾上腺以及高量的循环性丁醛酮。当尸解时，最大的差异是在肾髓质部分的大小。以沙漠为住所的家兔，它们是以高纤维、高盐分、低蛋白质的植物为食，可供摄取的水分极低，因此，它们的肾髓质部较长。相反地，高山上的家兔，生活在繁茂的草丛中，享用的是低盐高蛋白质的食物，它们的肾髓质部就较短。

家兔的泌尿系统具有可依据不同环境而调适的能力，加上再采食消化方式的多样性，是这些动物能够在多种不同的地理环境中生存的主要原因。

家兔血浆中钙离子浓度的高低程度是相当不寻常的，它并不维持在一定的范围内，而是反映食物中所含钙离子的成分高低。尿液是钙离子的主要排出管道，尿中钙离子是依据血浆中钙离子的浓度而调整的。由于大量白色碳酸钙的存在尿中，导致尿液始终维持着浓稠的霜状形态。长期食用含高量钙成分的食物往往导致家兔大动脉及肾脏的钙化。维生素 D 摄取量的提升更会增强这类钙化的发生。

家兔尿液的颜色差异极大，自黄色到红色都有，主要是由尿中所包含的色素造成，但其主要成分仍不清楚。某些特定的食物，如苜蓿、及白豆属的热带豆科植物，有增强尿液色素浓度的作用。

六、皮肤及用于气味标示的腺体

家兔皮肤表皮很薄，真皮较厚，坚韧而有弹性。被毛是皮肤的附属物，被毛的颜色和长度是一种遗传性状，可以作为识别品种的主要特征。成年家兔全身被毛一年更换 2 次；汗腺很不发达，仅在唇边及腹股沟部有少量分布；皮脂腺遍布全身，能分泌皮脂、油润被毛。母兔有乳头 3~6 对，一般 4~5 对。

母兔咽喉附近有一大圈的皮肤皱褶，被称为肉垂（dewlap）。怀孕母兔会在分娩之前将这一区的毛拔下，铺在巢穴之中。在较年长的母兔身上，肉垂可能变得极大，常常被误认为脓疡。

家兔并没有足垫，在它的足趾及踝部被粗毛所包围着。当一只家兔安静的坐着时，它的后肢跖部底侧从足趾到飞节都会接触地面。体重较重的家兔如果住在由铁丝所组成的笼子中，常常因此导致溃疡性足部皮炎，又称飞节痛（sore hock）。

家兔有极强的领域性。不论公母都有 3 组腺体，供它们从事标示气味的行为时使用。这 3 组腺体包括开口位于下巴内侧的特殊下颚腺体又叫下巴腺，肛门腺，以及一对状似口袋、位于会阴的鼠蹊腺。腺体的大小以及标示地盘行为的程度与雄性素的分泌及性行为的多寡成正相关。公兔的标示地盘行为要较母兔更频繁。不论公母，在同群动物中，地位较高的家兔的标示地盘行为要比地位较低的家兔频繁，而且当地位较低的同性动物出现时，标示地盘的行为更为明显。家兔可凭借这种标示地盘的行为显示它们在同群动物中的阶级。

母兔用它们的下巴腺及鼠蹊腺标示它们的幼兔，对不是它们自己的幼兔则公开的表示敌意。它们极力呵护自己族群的幼兔，对外来的幼兔则激烈地追逐，甚至杀死它们。当幼兔被抹上其他兔的气味时，会被母兔攻击并杀死。

七、感觉器官与神经系统

家兔的感觉器官相当完备，它们对乙酰胆碱非常敏感，当遇到危险时宁愿快速逃跑，而不会停下战斗。受到惊吓的家兔，其体温、心跳及呼吸频率都会明显的增加。

（一）眼睛

家兔的眼睛要比大多数的哺乳动物更靠近两侧，这可以使它们的视野更宽广，以便其更容易去侦测捕食者。然而，它们的眼睛并不能看到它们嘴巴下方的那一块小区域，因此，它们必须靠着嘴唇以及胡须来辨别食物的所在。

家兔的角膜非常大，约占据眼球弧面的30%。巨大的球形水晶体与不发达的睫状肌显示家兔对视力调适的依赖并不大。视神经位于眼睛水平中线的上方，视网膜试验则需要注视眼睛内部的上方。视网膜的血管则由视神经盘水平的向外分布，此外，家兔跟狗一样，在它们的视神经盘中有一生理杯或压力区的存在。家兔没有杆状细胞层的存在。

　　在麻醉过程中，家兔的第3眼睑会移至角膜表面。在第3眼睑后方，与深层软骨之间为第3眼睑腺（harderian gland）。它分为两叶，上叶小而白，下叶则较大而呈粉红色。上、下两叶各有一分泌管，两管交汇合并成单一管路后，自第3眼睑内侧开口向外分泌。公兔的第3眼睑腺要较母兔的大，在配种季节则会更为肿大。泪腺则是一个小而淡褐色的腺体，位于下眼睑的后方（在其他动物身上，泪腺大多位于上眼睑的后方）。然而，泪腺分泌管的开口却是位于上眼睑的结膜内。

　　以家兔而言，头部（包括眼睛）的主要静脉血液回流管道为外颈静脉，而不同于人是以内颈静脉为主要的头部静脉血液回流管道。在其他动物（例如犬）身上，则另有特殊的通道存在于内颈静脉与外颈静脉之间；但在家兔身上，这种管道并不发达。如果将家兔的外颈静脉扎起，或缓慢地自体外输液进入外颈静脉内，会在24小时内导致家兔的眼球肿大而突出；当状况解除后，则会缓慢复原。这种相同的脉管形式也适用于家兔眼睛的动脉血液供给，不过若是扎住颈动脉可导致眼球坏死。

　　（二）耳朵

　　家兔的耳翼占总体表面积的12%左右，具有大量的血管，当体温升高时，也是小动脉与小静脉汇流量最大的地方。已有人使用并记录了利用非伤害性手段由家兔的耳中央动脉测量动脉血压的方法，但是该法所测得的血压较自总颈动脉所测得的约有 10 厘米水银柱的差距。

八、性成熟及繁殖生命期

家兔达到性成熟的年龄，依其品种的不同而有所差异。但其青春期总是发生在生长速率达到高峰之后，性成熟则发生在生长速率曲线快速下降的同时。这也意味着，在决定性成熟时机的方面，体重似较年龄更为重要。小品种的家兔发展得较快速，往往 4～5 个月就达到成熟期，中等体型的家兔 4～6 个月成熟，而大品种的家兔则要 5～6 个月才能达到性成熟。母兔较公兔成熟为早，公兔往往要在青春期后 40～70 天才能达到适当的精子生产及储存量。新西兰白兔母兔大约在 5 月龄时达到性成熟，而公兔则要到 6～7 月龄才能到达性成熟。家兔的繁殖生命期同样与品种有关，公兔是 5～6 年，母兔则可达到 3 年。

(一) 雌性生殖系统及繁殖行为

在母兔的生殖管腔中缺乏子宫体的存在，但是，2 个分离的子宫角却各自拥有一个通往阴道的开口。如果执行剖腹产时，2 个子宫角都必须切开，才能将胎儿分别从 2 个子宫角中取出。

家兔是诱发排卵，所以没有发情周期。但是母兔可因对性行为的接受程度的不同而有一些规律，在家兔身上，这类频率间隔 4～6 日。排卵可发生在性交之后或注射黄体激素后。诱发排卵动物的排卵时间会依物种的不同而有所差异。家兔的排卵约在交配后 10 小时发生。

母兔的交配行为具有脊柱前弯（lordosis）的特性：背部平坦或向上弯曲，臀部翘起，展示它们的会阴部，并对公兔的爬跨动作做出适当的反应。一般而言，母兔在被抚摸时是非常紧张兴奋的，当母兔接受性不高时，它将不允许公兔爬跨，依当时笼子空间的大小，母兔会显现出逃跑、退居角落、啃咬以及大叫等行为。

在自然的状况下，受到日照长短与温度的影响，家兔会有明显的繁殖季节的出现。在北半球，不受人为干扰的情况下，家兔在春季有着最高的受孕率，而秋季的受孕率则最低。当环境条件被控制为最适合的情况下，公兔在任何时候皆可交配。当母兔的阴户变成红紫色、湿润、肿大时，正是母兔对交配行为接受度最高的时候，但它们偶尔也会在这些现象未发生时接受交配行为。因此，阴道抹片所提供的信息并不实用。最可靠的方式是，当紧握母兔腰部区域时，它会有脊柱前弯的反应出现。排卵的发生多半是在交媾后的 10 ~ 13 小时。为了确保成功排卵的发生，许多养殖户会在母兔交配后注射 100 单位的人绒毛膜性腺激素（human chorionic gonadotropin）刺激排卵。将母兔运送至异地时，也可能引起自发性排卵，继而导致一段长达 18 天的假怀孕现象的发生。

兔子的怀孕期依种类而有所不同，但多是在 30 ~ 33 天。胎儿数则与品种及体型大小有绝对的关系。通常初产比经产的产仔数少。新西兰白兔等兔种每胎则可有 8 ~ 12 只，而肉兔品种每胎只有 4 ~ 8 只。

母兔的分娩多半是在清晨。在它们分娩前数天到数小时，母兔会将它们的腹部、侧面、垂肉等地的毛拔下做窝。虽然拔毛处的皮肤看似发炎，但这却是一种正常的行为。初生幼兔的眼睛还未张开，无毛且无助地待在窝中，直到大约 3 周龄时。母兔每日仅喂食幼兔一次，每次 3 ~ 5 分钟。然而，在这短短的时间内，幼兔可饮入相当它们体重 20% 的乳汁。嗅觉在哺育过程中扮演极为重要的角色，在乳头附近有一种腺体可分泌激素，以吸引幼兔，而母兔则会排斥味道有别其幼兔的陌生幼兔。如要成功地将一幼兔交给其他母兔抚养，幼兔必须要够活泼、能自行吸奶；另外，还必须将其置于兔窝的最底部，让它与兔窝的垫料磨擦，使它的气味能变成与这窝其他的幼兔味道相同。如果母兔死亡或有被排斥的幼兔，亦可使用小猫或小狗的代用乳配方，加上蛋黄以补充脂肪含量的不足。

（二）雄性生殖系统及繁殖行为

公兔的 2 个无毛的阴囊位于阴茎的前方，而不像大多数的胎盘类动物是位于阴茎的后方，这种特征是与有袋类动物较相似的。家兔并没有阴茎骨，其睾丸直到 12 周龄时才降入阴囊中，但是它的鼠蹊管却不会封闭。因此，在选择去势手术的方法时，必须防止鼠蹊部脱肠的发生。

公兔在青春期之后就会有性方面的冲动。交媾过程的起始有其特定的基本模式，包括轻闻、互舔、用鼻爱抚、交互理毛、以及跟随母兔。公兔也可能显现出摇尾及遗尿，并在求爱过程中将尿液射向母兔。

这种特殊的雄性交媾模式，与雌性的排卵及卵巢黄体功能有关。家兔交配后会自发性排卵，这种性交的刺激对于排卵是必需的，但对排卵后黄体功能的维持则没什么帮助。公兔快速的爬跨有意愿的母兔，在一系列快速的交媾运动后，可成功地将阴茎插入。在插入之后，反射性射精几乎立刻发生。这类交媾的行动是非常强烈的，以致公兔常向后或向侧面摔落，并且可能发出一种独特的叫声。性欲旺盛的公兔在 2 ~ 3 分钟后可能会再尝试交媾一次。较常发生的问题是，一些使用人工阴道采精的公兔，当它们再尝试进行自然交配时，引发母兔脊柱前弯的能力有所降低。

精液射入阴道后，各个精子则以单一细胞形式通过存在于子宫颈的黏液。如果家兔在活动黄体期（如早期怀孕或假怀孕）时授精，精子的传输将不会发生。因为这个时期家兔血液中的助孕激素浓度上升，子宫颈会分泌出浓稠的黏液状分泌物，精子是无法穿过这层关卡的。

第二节　家兔的生活习性

家兔是由野生穴兔驯化而来。家兔的祖先由于个体小和没有御敌能力，常被其他野兽吃掉，或者因不适应环境而被淘汰。为了种的延续，必须有适应环境的某些生活习性和特点，才能在进化过程中被保留下来。现在的家兔虽然经人类长期的驯化和培育已成为一种常用的实验动物，但仍然不同程度地保留着原始祖先的某些习性和生物学特性，如适于逃跑的体型结构、打洞穴居的习性、夜行性、食草性以及在短期内能够大量繁殖后代的繁殖特性等。家兔的生物学特性与家兔的繁殖、饲养管理、兔舍建筑以及兔产品利用等有密切关系。了解家兔的生物学特性，目的是掌握家兔的生物学规律，应用现代科学的饲养管理方法，尽可能创造适合其习性的饲养管理条件，提高养殖效益。

一、夜行性

家兔的夜行性是指家兔昼伏夜行的习性，这种习性是在野兔时期形成的。野兔体格弱小，御敌能力差，在当时的生态条件下，被迫白天穴居于洞中，夜间外出活动与觅食，久而久之，形成了昼伏夜行的习性，家兔至今仍保留其祖先野生穴兔的这一特性。家兔在夜间活跃，而白天家兔表现较安静，除觅食时间外，常常在笼子内闭目睡眠或休息，采食和饮水也是夜间多于白天。据测定，在自由采食的情况下，家兔在晚上的采食量和饮水量占全日量的75%左右。根据家兔的这一习性，应当合理地安排饲养管理日程，晚上要供给足够的饲草和饲料，并保证饮水。

二、嗜眠性

嗜眠性是指家兔在一定条件下白天很容易进入睡眠状态。若使其仰卧，顺毛方向抚摸其胸腹部并按摩太阳穴，可使其进入睡眠状态。利用这一特点，在不麻醉的情况下可进行短时间的实验操作。在此状态的家兔除听觉外，其他刺激不易引起兴奋，如视觉消失，痛觉迟钝或消失。家兔的嗜眠性与其在野生状态下的夜行性有关。了解家兔的这一习性，对养兔生产实践具有指导意义。首先，在日常管理工作中，白天不要妨碍家兔的睡眠，应保持兔舍及其周围环境的安静；其次，可以进行人工催眠完成一些小型手术，如刺耳号、去势、投药、注射、创伤处理等，不必使用麻醉剂，免除因麻醉药物而引起的副作用，既经济又安全。人工催眠的具体方法是：将兔腹部朝上，背部向下仰卧保定在"V"形架上或者其他适当的器具上，然后顺毛方向抚摸其胸、腹部，同时用食指和拇指按摩头部的太阳穴，家兔很快就进入睡眠状态。此时即可顺利地进行短时间的手术。手术完毕后，将兔恢复正常站立姿势，兔即完全苏醒。兔进入睡眠状态的标志是：a. 两眼半闭斜视；b. 全身肌肉松弛，头后仰；c. 出现均匀的深呼吸。兔属动物也有这种嗜眠性。

三、胆小怕惊，听觉嗅觉灵敏

家兔具有发达的听觉和嗅觉器官并特别灵敏，但异常胆小，遇有敌害时毫无自卫能力，但能借助敏锐的听觉作出判断，并借助弯曲的脊椎和发达的后肢迅速逃跑，逃避猛禽和肉食兽的追捕。兔耳长大，听觉灵敏，能转动并竖起来收集各方的声响，以便逃避敌害。在家养的条件下，兔仍不失其祖先的这一习性，突然的声响、生人或陌生的动物如猫、狗等都会使家兔惊恐不安，以致在笼中奔跑和乱撞，并以后足拍击笼底而发出响声。这种顿足声会使全兔舍或周围一部分兔同样惊慌起来，如受惊过度往往乱奔乱窜，甚至冲出笼门。因此，在饲养管理操作中，动作要尽量轻稳，以免发出声响使兔惊恐，同时要注意防止生人或其他动物进入兔舍。兔嗅觉灵敏，可凭嗅觉来判断仔兔，对非亲生仔兔常拒绝哺乳，甚至把仔兔咬死。散养的家兔喜欢穴居，有在泥土地上打洞的习性。

四、喜清洁、爱干燥

家兔喜爱清洁干燥的生活环境，厌湿、喜干、耐寒、怕热，兔舍内最适相对湿度为60%～65%。干燥清洁的环境有利于兔体的健康，而潮湿污秽的环境则是造成兔患病的原因之一。家兔的被毛较发达，汗腺较少，能够忍受寒冷而不能耐受潮热。当气温超过30℃或环境过度潮湿时，易引起成年母兔的减食、流产、不愿哺乳仔兔等现象；炎热的夏季还是家兔传染病易于爆发的季节，兔的抗病力很差，患病后较难治疗，往往会给生产造成很大损失。所以，在进行兔场设计和日常饲养管理工作中，都要考虑为兔提供清洁干燥的生活环境。

五、独居性

群居性是一种社会表现，家兔性情温顺，但群居性很差。家兔群养时，相同或不同性别的成年兔经常发生互相斗殴咬伤现象，特别是公兔群养或者是新组成的兔群，互相咬斗现象更为严重，因此，管理上应特别注意。3 月龄前的幼兔为了节省笼舍多采用群养；成年兔要单笼饲养，如果群养，同性别成兔经常发生撕咬争斗；成年公、母兔也应分笼饲养，可防止乱配和早配。

六、性情温顺

家兔在一般情况下可任人抚摸和捕捉，但若捕捉不当常被其利爪抓伤皮肤，在饲养管理操作中要注意正确的抓取方法。母兔在产仔哺乳时有明显护仔现象，若捕捉仔兔，母兔会主动伤人，当遇敌害或四肢被笼子或地板夹住时，会发出尖叫声。家兔发怒、发情或想同伴和仔兔发出报警时，会用后肢猛蹬笼底板。

七、啮齿行为

啮齿行为也称作"啃咬性"。家兔的第 1 对门齿是恒齿，出生时就有，永不脱换，而且不断生长。如果处于完全生长状态，上颌门齿每年生长 10 厘米，下颌门齿每年生长 12.5 厘米。由于其不断生长，家兔必须借助采食和啃咬硬物不断磨损，才能保持其上下门齿的正常咬合。这种借助采食和啃咬硬物磨牙的习性，称为啮齿行为（rodent）。家兔的牙齿终生处在不断生长的状态，因此同啮齿类一样喜欢磨牙且有啃咬的习惯，在设计笼舍和饲养器具时应注意这一点，特别是饲料中应有一定比例的粗纤维。在养兔生产中应注意以下几点。

（1）给兔提供磨牙的条件　如把配合饲料压制成具有一定硬度的颗粒饲料，或在兔笼内投放一些树枝等。

（2）经常检查兔的第一对门齿是否正常　如发现过长或弯曲，应及时修剪，并查找出原因。

①遗传原因：有一种遗传病叫下颌颌突畸形，是由常染色体上的一个隐性基因控制，该病发病率很低，其症状是颅骨顶端尖锐，角度变小，下颌颌突畸形，下颌向前推移，使第1对门齿不能正常咬合。这种门齿间的错位现象，通常发生在出生后3周时。

②饲料原因：饲料过软，起不到磨牙的作用，使下颌发病机会增多。

（3）兔笼　修建兔笼时，要注意材料的选择，尽量使用家兔不爱啃咬的木材如桦木等；同时尽量做到笼内平整，不留棱角，使兔无法啃咬，以延长兔笼的使用年限。

八、穴居性

穴居性是指家兔具有打洞穴居并且在洞内产仔的本能行为，家兔的这一习性也是长期自然选择的结果。只要不人为限制，家兔一接触土地就要挖洞穴居，隐藏自身，并在洞内理巢产仔。穴居性对于现代化养兔生产来说是无法利用的，应该加以限制，不过在选择建筑材料和设计兔场时应充分考虑家兔的这一特性。在笼养的条件下，需要给繁殖母兔准备一个产仔箱，令其在箱内产仔。室外笼养兔，要注意防范敌害，如猫、狗、鼠、蛇、鼬、鹰等，最下层的兔笼底部与地面的距离宜高，并有一定密闭性。

九、怕热耐寒

家兔是恒温哺乳动物，正常体温一般保持在38.5~39.5℃范围内。家兔被毛浓密，表热不易散发，同时汗腺不发达，不能通过汗腺调节体温，因此怕热。家兔处于5~30℃温度条件下，代谢率最低，热能消耗最少，低于5℃或高于30℃均能使热能损耗增加。当外界温度过高时，家兔除改变新陈代谢外，利用呼吸散热的方式来维持体温是有限的，所以，兔场的日常工作中防暑比防寒更重要。研究结果表明，如果家兔周围温度高于32.2℃，生长发育和繁殖效果都显著下降；如果较长时间在35℃或更高温度条件下，家兔常常发生死亡。但被毛浓密也使家兔具有较强的抗寒能力，在防雨条件下能很好地耐受0℃以下的温度，但会影响繁殖和增加饲料消耗；仔兔、幼兔的体温调节能力不健全，需要调节环境温度来维持体温恒定，尤其在寒冷季节，在饲养管理方面应做好保温工作。家兔较适的生长繁殖温度一般在15~25℃。

十、食粪性

正常的兔粪有2种类型：一种是通常看到的圆形颗粒硬粪，量大、较干、表面粗糙，依草料种类而呈现深浅不同的颜色，是消化正常的象征；另一种是团状的软粪，成串的小球状粪便，多时呈捻珠状，有时达40粒，粪球串的长度达40厘米，量少、质地软，表面细腻，附着少量黏液内含流质物，犹如涂油状，通常呈黑色，即软粪。硬粪在白天排泄，软粪在晚上排出。据测定，成年家兔每天排出软粪约50克，约占总粪量的10%。据试验分析，软粪中粗蛋白质含量要比硬粪高3倍左右并含有丰富的维生素，家兔食粪即直接从肛门吞食软粪，稍加咀嚼便吞咽，有时晚上也吃自己白天的粪便。因其下段肠管可消化吸收粪便中的粗蛋白质和维生素，一般认为有促进营养物质再利用的意义。软粪通常几乎全部被家兔自己吃掉，所以在一般情况下很少发现软粪的存在，只有当家兔生病时才停止食粪。家兔的食粪行为是一种正常的生理行为，开始于3周龄，从一开始吃饲料就有食粪行为，也偶见有吃少量硬粪的，哺乳期仔兔也有吃食兔粪的习性，故在断奶兔粪便中可以普遍查出球虫卵囊。大多数排泄软粪少的幼兔吞食硬粪，成年兔在饲料不足时也吞硬粪。摘除盲肠的兔没有食粪行为。

据资料介绍，软粪中含有丰富的营养物质，软、硬粪的成分相同，只是含量不同。据测定，1克硬粪中有27亿个微生物，微生物占粪球中干物质的56%；而1克软粪中有95.6亿个微生物，占软粪中干物质的81%。

家兔的食粪行为如下，具有重要的生理意义：

①家兔通过吞食软粪得到附加的大量微生物，其蛋白质在生物学上是全价的。此外，微生物合成维生素B和维生素K，并随着软粪进入家兔体内和在小肠内被吸收。据报道，通过食粪1只兔1天可以多获得2克蛋白质，相当于需要量的1/10。与不食粪兔相比，食粪兔每天可以多获得83%的烟酸（维生素PP），100%的核黄素（维生素B_2），165%泛酸（维生素B_3）和42%的维生素B_{12}。

②家兔的食粪习性，延长了饲料通过消化道的时间。据试验，在早晨8点随饲料被家兔食入的染色微粒，在食粪的情况下，基本上经过7.3小时排出，而在下午4点食入的饲料，则经13.6小时排出。在禁止食粪的情况下，上述指标分别为6.6小时

和 10.8 小时排出。

③家兔食粪相当于饲料的多次消化，提高了饲料的消化率。据测定，家兔食粪与不食粪时，营养物质的总消化率分别是 64.6% 和 59.5%。

④家兔的食粪还有助于维持消化道正常微生物区系。在饲喂不足的情况下，食粪还可以减少饥饿感，在断水断料的情况下，可以延缓生命 1 周。

在正常情况下，禁止家兔食粪会产生不良景响。例如，消化器官的容积和重量均减少，营养物质的消化率降低，血液生理生化指标发生变化，消化道内微生物区系发生变化，菌群数量减少。结果导致生长兔的增重减少，成年家兔消瘦，妊娠母兔胎儿发育不良。因此，通常不要人为限制家兔食粪。

第三节　家兔的生长发育特点

一、早期生长发育速度快

仔兔出生时体重较小，但生后增重速度很快。仔兔出生时全身裸露，眼睛紧闭，耳闭塞无孔，趾趾相连，不能自由活动；出生后 3~4 日龄即开始长毛；4~8 日龄脚趾开始分开；6~8 日龄耳出现小孔与外界相通；10~12 日龄眼睛睁开，出巢活动并随母兔试吃饲料，21 日龄左右即能正常吃料；30 日龄左右被毛形成。初生仔兔由于全身无毛，体温调节系统发育不完善，耐寒能力差，应注意保暖。哺乳期间（出生到 30 日龄左右）生长发育相当快。1 周龄时，体重增加 1 倍；1 月龄时，可达初生重的 10 倍或 10 倍以上；初生至 3 月龄体重增加迅速，3 月龄以后体重增加相对缓慢。在良好的饲养条件下，优良品种或配套系 70～75 日龄即可出栏（体重 2.25～2.5 千克）。在我国农村条件下，90 日龄即可出栏。不同品种与不同性别的幼兔，其生长速度并不完全相同。

家兔不仅生长发育速度快，而且饲料报酬高。目前，肉兔养殖发达的国家，商品肉兔 10～11 周龄出栏，体重达到 2.5 千克左右。如新西兰白兔初生重为 60 克，3 周龄达到 450 克，3～8 周龄期间每天增重 30～50 克，不仅早期生长速度快，而且消耗饲料也少。因此，利用肉兔早期生长速度快的特点，可以实行快速育肥，如果继续育肥，经济效益降低。

家兔生长速度受品种、营养、性别、个体和母兔产仔数与泌乳能力大小的影响。一般来说，大型品种的绝对生长速度较中小型品种快，而相对生长速度则相反；在优厚的营养条件下生长速度加快，而长期处于低营养条件下，抑制其快速生长；一般公兔在性成熟前生长速度较母兔快，而性成熟之后母兔的生长速度快于公兔；不同个体之间差异较大，与个体的基因组成有关；当母兔的产仔数较多时，每只仔兔平均获得的乳汁量较少，因而影响其早期生长速度。母兔的泌乳力差异较大，仔兔断乳前的生长速度依赖于母兔的泌乳量，即母兔的泌乳量越高，仔兔的早期生长速度就越快。

二、生长的阶段性

家兔的性成熟较早，小型品种 4～5 月龄，中型品种 5～6 月龄，大型品种 6～7 月龄，体成熟年龄约比性成熟推迟 1 个月，寿命为 8～10 年。出生至性成熟前为生长递增期，绝对增重很快。

此后，生长逐渐减慢，到达成年后，体重保持相对稳定。在整个生命过程中的生长发育大体上可分 3 个阶段，即胎儿期、哺乳期和断奶后期。

（一）胎儿期

胎儿期即从母兔怀孕（胚胎附植）到仔兔出生的这段时期，这个时期的生长发育以怀孕后期最快。在妊娠期的前 2/3 中，胚胎绝对增长的速度缓慢，直到第 21 天胎龄时所增长的重量仅为初生重的 10.82%；在妊娠期后 1/3 中生长很快，约占初生重的 89.18%。从第 19 天胎龄开始，胎儿重量大幅度增长。胎儿这一阶段的生长速度，不受性别的影响，但受怀仔数、母兔营养水平和胎儿在子宫内排列的位置的影响。一般规律是：怀仔多，胎儿体重小，母兔营养水平低，胎儿发育慢；近卵巢端的胎儿比远离卵巢的胎儿重。

（二）哺乳期

从出生到断奶这段时间家兔的生长发育相当快。在 1 月龄时增重达最高峰，但以后逐渐下降。这个时期的生长发育主要受母乳的影响。与母兔体况、饲料种类和带仔数的多少有关，而与仔兔性别无关。

（三）断奶后期

幼兔断奶后的增重速度，受遗传因素和环境因素（饲料、管理、自然条件等）的影响较大，一般规律是生长前期快，生长后期慢，但不同品种的生长速度是不相同的。德国花巨兔 90 日龄体重占成年体重的 45%；新西兰兔 90 日龄体重占成年体重的 55.8%。性别虽有影响，但 8 周龄内并不明显，8 周龄后到 26 周龄明显地表现出来，公兔生长速度落后于母兔，所以，成年母兔体重大于公兔。

三、公、母兔异步生长

一般而言，性成熟前，小公兔的生长速度大于小母兔；性成熟后，母兔的增重比公兔快。在相同的饲养条件下，成年母兔的体重大于成年公兔。

四、补偿生长

在某一时期，由于营养不良或其他环境因素，仔兔生长发育受阻；当条件改善时，在短期内，其生长速度明显加快。也就是说，生长有一定的补偿能力。但是，无论如何，其生长量也赶不上一直在良好条件下饲养的肉兔。

五、生长发育与换毛特点

由于季节、年龄、营养和疾病等原因，兔毛会发生脱落，并在原处长出新毛，这个过程称为换毛。动物的换毛是个复杂的生物学过程，换毛期毛囊的结构发生明显的变化。旧毛的毛乳头开始萎缩，血液供应停止，毛球细胞开始角化，与此同时，在旧毛的下面，发育着新的毛乳头，并形成新的毛球，随着新毛球细胞的不断增殖，形成新毛。正常的换毛应看作是肉兔对外界环境的一种适应表现。换毛可分为年龄性换毛和季节性换毛。

(一) 年龄性换毛

年龄性换毛主要发生在未成年的幼兔和青年兔。幼年期第1次换毛约在30日龄开始，100日龄结束，此时肉兔、皮肉兼用兔若能屠宰上市是最经济的，因为此时毛被成熟，毛皮品质最好，且以后增重速度减慢。育成期第2次换毛，约在130日龄开始，至190日龄结束。

（二）季节性换毛

季节性换毛指兔进入成年后，一年内换 2 次毛，即春季换毛和秋季换毛。换毛时间的早晚和换毛期的长短受许多因素的影响，如不同地区的光照、温度、年龄、性别、健康状况及营养水平等，都会影响兔的季节性换毛。春季换毛一般在 3 ~ 4 月，换毛时间较短，换毛快，因此时光照由短日照向长日照过渡，气温则由寒冷、温暖向炎热转变，皮肤毛囊的新陈代谢旺盛，饲料中青绿饲料增多，营养水平高；秋季换毛一般在 9 ~ 10 月，换毛时间长，因此时光照由长日照向短日照过渡，气温逐渐降低，饲料中粗饲料增多，营养差，新毛生长慢。所以，秋季应注意添加富含蛋白质的饲料。换毛的顺序：先由颈部的背面开始，紧接着是躯干的背面，再延伸到两体侧及臀部，唯有颈部毛在夏季不断地脱换。

第三章

肉兔品种及种兔选留

第一节　常见肉兔品种及配套系

一、中国白兔

中国白兔（Chinese white rabbit）又称中国本兔、小白兔或菜兔，是我国劳动人民长期培育和饲养的一个古老的地方品种，各地均有饲养，以四川、重庆等省市饲养较多。

（一）体型外貌

体型小，成兔体重2.0~2.5千克，体长35~40厘米。全身结构紧凑而匀称，头清秀，嘴较尖，耳短小而直立，被毛粗短紧密，毛色以白色者居多，兼有土黄、麻黑、黑色和灰色，眼睛红色。

（二）生产性能

性成熟较早，3~4月龄就可用于繁殖。繁殖力强，母性好，母兔乳头5~6对，胎均产仔7~9只，年产仔5~6胎。皮板厚实富有韧性，质地优良。成年兔屠宰率45%左右，肉质鲜嫩味美。适应性好，抗病力强，耐粗饲。

二、日本白兔

日本白兔（Japanese white rabbit）原产于日本，以耳大、血管清晰而著称，是比较理想的实验用兔，又称日本大耳白兔。

（一）体型外貌

体型中等，成年体重4~5千克。头大、额宽、面平、颈粗、体躯修长。被毛紧密，毛色纯白，针毛含量较多；眼珠为红色，耳大直立，耳根细，耳端尖，形似柳叶状；母兔颌下有肉髯，公兔没有。

（二）生产性能

生长快，2月龄体重约1.4千克，4月龄体重2.5~3千克，7月龄体重约4千克。繁殖力强，年产6~8窝，每窝产仔8~10只，而且母兔泌乳量大，母性好。成年兔屠宰率为44%~47%，肉质较佳，兔皮张幅大，被毛浓密柔软，皮板质地良好。耐粗饲，适应性强，在我国饲养历史长。耳薄，血管明显，适于注射和采血，是理想的实验用兔。

三、新西兰白兔

新西兰白兔（New Zealand rabbit）原产于美国，是当代著名的中型肉用品种，也是常用的实验兔，由弗朗德兔、美国白兔和安哥拉兔等杂交选育而成。新西兰白兔是新西兰兔种中一个最重要的变种，此外还有红色种和黑色种。红色新西兰兔约在1912年前后于美国加利福尼亚州和印第安纳州同时出现，用比利时兔和另一种白色兔杂交选育而成。黑色新西兰兔出现较晚，是在美国东部和加利福尼亚州用包括青紫蓝兔在内的几个品种杂交选育而成。

(一) 体型外貌

白毛红眼（白化兔），体型中等，头粗重，耳短直立，耳背边缘毛密；背宽，腰肋肌肉丰满，后躯发达，臀圆；四肢粗壮有力，脚底垫毛厚，有粗毛，耐磨，可防脚皮炎，很适于笼养；公、母兔均有较小的肉髯；成年体重母兔 4.5～5.4 千克，公兔 4.1～5.4 千克，为中型肉用品种。

(二) 生产性能

3 月龄前生长速度快，40 日龄体重 1～1.2 千克，65 日龄体重达 2 千克左右。产肉性能好，屠宰率 50%～55%，肉质细嫩。繁殖力强，母兔最佳配种年龄 5～6 月龄，年产 5 胎以上，胎均产仔 7～9 只。在 1949 年就引进我国，适应性和抗病性强，性情温顺，易于管理，饲料利用率（3.0～3.2）：1。

四、加利福尼亚兔

加利福尼亚兔（Californian rabbit）原产于美国加利福尼亚州，又称加州兔。育成时间稍晚于新西兰白兔，用喜马拉雅兔和青紫蓝兔杂交，从青紫蓝毛色的杂种兔中选出公兔，再与新西兰白兔母兔交配，选择喜马拉雅毛色兔横交固定进一步选育而成。

(一) 体型外貌

全身被毛以白色为基础，鼻端、两耳、四脚及尾部被毛为黑色或黑褐色，故又称其为"八点黑"兔，其黑色的深浅随年龄、季节、温度和营养条件的变化而呈现出规律性变化。被毛丰厚平齐，富有光泽，红眼，头清秀，颈粗短，耳小而直立，公、母兔均有较小的肉髯；胸部、肩部和后躯发育良好，肌肉丰满。体型中等，成年体重母兔 3.5～4.8 千克，公兔 3.6～4.5 千克。

（二）生产性能

早期生长发育快，2月龄体重 1.8～2 千克，成年母兔体重 3.9～4.8 千克，公兔 3.6～4.5 千克。产肉性能好，屠宰率 52% 以上，肉质鲜嫩。繁殖性能好，母性好，泌乳力高，育仔能力强，是著名的"保姆兔"，年产 7～8 胎，胎产仔 7～8 只，产仔数稳定，仔兔发育均匀。遗传性稳定，目前国内外多用它与新西兰兔杂交，其杂种后代 56 日龄体重可达 1.7～1.8 千克。适应性好、抗病力强，是改良本地肉兔性能较好的育种材料。

五、比利时兔

比利时兔（Belgian rabbit）是一个古老的品种，由比利时贝韦伦一带的野生穴兔改良选育形成，最初为观赏品种，后由英国育种学家选育而成为大型肉兔品种。

（一）体型外貌

外貌酷似野兔，被毛呈深红带黄褐色或胡麻色，整根毛的两端色深，中间色浅，体格健壮，头似"马头"，颊部突出，额宽圆，鼻梁隆起，颈粗短，肉髯不发达，眼黑色，耳较长，耳尖有光亮的黑色毛边，尾内侧黑色，体躯较长，后躯较高，四肢粗大，胸腹紧凑，被毛质地坚韧，紧贴体表，腿长，体躯离地较高，被誉为兔中的"竞走马"。体型大，成年公兔 5.5～6.0 千克，母兔 6.0～6.5 千克，最高可达 7～9 千克。

（二）生产性能

生长速度较快，仔兔初生重 60～70 克，最大可达 100 克以上，6 周龄体重 1.2～1.3 千克，3 月龄体重可达 2.8～3.2 千克。平均每胎产仔 7～8 只，最高可达 16 只，泌乳力好，仔兔成活率高，但不耐频密繁殖。肉质较好，屠宰率 52%～55%。抗病力强，适应性广，耐粗饲；缺点是笼养时易患脚皮炎。

六、青紫蓝兔

青紫蓝兔（chinchilla rabbit）原产于法国，因其毛色很像产于南美洲的珍贵毛皮兽青紫蓝绒鼠（chinchilla）而得名。世界公认的青紫蓝兔有标准型青紫蓝兔、美国型青紫蓝兔和巨型青紫蓝兔。

（一）标准型青紫蓝兔（chinchilla standard rabbit）

采用复杂育成杂交方法选育而成，参与杂交的亲本有喜马拉雅兔、灰色嘎伦兔和蓝色贝韦伦兔等品种。体型小而紧凑，耳短直立，公、母兔均无肉髯，成年体重母兔 2.7 ~ 3.6 千克，公兔 2.5 ~ 3.4 千克。被毛呈蓝灰色，有黑白相间的波浪纹，耳尖、尾背面为黑色，眼圈、尾底、腹下、四肢内侧和颈后三角区的毛色较浅呈灰白色。单根毛纤维为 5 段不同的颜色，从毛纤维基部至毛梢依次为深灰色—乳白色—珠灰色—白色—黑色。性情温顺，毛皮品质好，生长速度慢，产肉性能差，偏向于皮用兔品种。

（二）美国型青紫蓝兔（chinchilla American rabbit）

1919 年，美国从英国引进标准型青紫蓝兔进一步选育而成。被毛呈蓝灰色，较标准型浅，且无明显的黑白相间波浪纹。体型中等，体质结实，成年体重母兔 4.5 ~ 5.4 千克，公兔 4.1 ~ 5 千克。母兔有肉髯而公兔没有。繁殖性能好，生长发育较快，属于皮肉兼用品种。

（三）巨型青紫蓝兔（chinchilla giant rabbit）

用弗朗德巨兔与标准型青紫蓝兔杂交选育而成，国内少见。被毛较美国型浅，无黑白相间波浪纹；公母兔均有较大的肉髯；耳朵较长，有的一耳竖立，一耳下垂；体型较大，肌肉丰满，早期生长发育较慢，成年体重母兔 5.9 ~ 7.3 千克，公兔 5.4 ~ 6.8 千克，是偏于肉用的巨型品种。

七、德国花巨兔

德国花巨兔（German checkered giant rabbit）原产于德国，为著名的大型皮肉兼用品种，其育成有 2 种说法：一种认为由英国蝶斑兔输入德国后育成；另一种则认为由比利时兔和弗朗德巨兔等杂交选育而成。

（一）体型外貌

体躯被毛底色为白色，口鼻部、眼圈及耳毛为黑色，从颈部沿背脊至尾根一锯齿状黑带，体躯两侧有若干对称、大小不等的蝶状黑斑，又称"蝶斑兔"；体格健壮，体型高大，体躯长，呈弓型，腹部离较高，成年体重 5 ~ 6 千克；耳大直立，公、母兔均有较小肉髯。

（二）生产性能

早期生长发育快，仔兔初生重 75 克，40 日龄断奶重 1.1 ~ 1.25 千克，90 日龄体重达 2.5 ~ 2.7 千克。母兔繁殖力强，胎平均产仔 11 ~ 12 只，但母性差，泌乳力低，育仔能力差。性情不温顺，较为粗野，行动敏捷，活泼好动。毛色遗传不稳定，后代有蓝色和黑色个体。

八、哈尔滨大白兔

哈尔滨大白兔（Harbin giant white rabbit）是由中国农业科学院哈尔滨兽医研究所培育的大型肉用兔品种，简称哈白兔。其是用哈尔滨本地白兔和上海白兔为母本，比利时兔和德国花巨兔为父本，采用复杂育成杂交培育而成，定名为哈尔滨大白兔，简称哈白兔。

（一）体型外貌

体型较大，头适中，耳大直立，眼大而红，被毛纯白，体质结实，结构匀称，肌肉较丰满，四肢强健，适应性强。成年体重 6.3~6.6 千克。

（二）生产性能

繁殖性能好，一次配种受胎率达 71.23%，胎均产仔 10.5 只，胎均产活仔 8.83~11.5 只，泌乳力 2 786.7 克。生长发育较快，2 月龄平均日增重 31.42 克，生长发育高峰在 70 日龄，平均日增重 35.61 克。产肉性能好，半净膛屠宰率 57.6%，全净膛屠宰率 53.5%，饲料报酬 3.11∶1。

九、垂耳兔

垂耳兔（lop ear rabbit）是一个大型肉用品种。因其头型类似公羊，故又称公羊兔。原产于北非，以后分布到法国、德国、英国、美国、比利时、荷兰等国。由于引入国的选育方式不同，目前主要有法系、英系和德系 3 种，其中法系和德系在体型上较为接近。

（一）体型外貌

耳大而下垂，耳最长者可达 70 厘米，耳宽 20 厘米。毛色多为黄褐色，也有白色、黑色、棕色；头粗糙，公、母兔均有较大肉髯，前额、鼻梁突出，眼较小，颈短，背腰宽，臀圆，骨粗，体质疏松肥大。成年体重 5 千克以上，有的达 6~8 千克。

（二）生产性能

早期生长发育快，仔兔初生重 80~100 克，90 日龄平均体重 2.5~2.75 千克。成年体重 5 千克以上，有的 6~8 千克，少数可达 10～11 千克，窝产仔 7～8 只。适应性强，较耐粗饲。性情温顺，反应迟钝，不喜活动。繁殖性能差，受胎率低，胎均产仔 7～8 只，母兔育仔能力差。笼养时易患脚皮炎。

十、塞北兔

塞北兔（Saibei rabbit）是我国近年培育的大型肉皮兼用新品种，用法系公羊兔和比利时的弗朗德巨兔采用二元轮回杂交的方式并经严格选育而成。

（一）体型外貌

体型呈长方形，体质结实、健壮，被毛以黄褐色为主，兼有白色和红黄色 2 种。头大小适中，眼眶突出，眼大而微向内陷，嘴方正，颈粗短，鼻梁有一黑线。耳宽大，一耳直立，一耳下垂，兼有直耳和垂耳。后躯宽而肌肉丰满，四肢粗壮，公、母兔均有肉髯。成年体重 5～6 千克。

（二）生产性能

适应性强，抗病力强。繁殖性能好，胎产仔 7～10 只，泌乳力 1 828 克。生长速度快，产肉性能好，7～13 周龄日增重 24.4 克，14～26 周龄日增重 29.5 克，屠宰率 52.6%，饲料报酬为 3.29∶1。毛皮质量好，皮张面积大，皮板有韧性，坚牢度好，绒毛细密，是理想的皮肉兼用型新品种。

十一、专门化肉兔配套品系

近年来，养兔发达国家纷纷选育有数个突出经济性状，而其他性状保持一般水平的专门化品系，由多个专门化品系组成一个配套（specialized strains）系，通过系间杂交生产商品兔，并已取得明显效果。

（一）齐卡（ZIKA）配套系

齐卡配套系是德国 ZIKA 种兔公司用 10 年的时间选育成功的具有世界一流生产水平的肉兔配套新品系，它由德国巨型白兔、德国大型新西兰白兔和德国合成白兔 3 个品系构成。四川省畜牧科学院 1986 年引入该兔。

（1）德国巨型白兔（G 系）　全身被毛纯白色，红眼，耳大直立，头粗重，体躯长大而丰满。成年体重 6 ~ 7 千克，初生重 70 ~ 80 克，35 日龄断奶重 1 ~ 1.2 千克，90 日龄体重 2.7 ~ 3.4 千克，日增重 35 ~ 40 克，料重比 3.2∶1，生产中用作杂交父本。巨型白兔耐粗饲，适应性较好，年产 3 ~ 4 胎，胎产仔 6 ~ 10 只。

（2）大型新西兰白兔（N 系）　全身被毛白色，红眼，头粗重，耳短、宽、厚而直立，体躯丰满，呈典型的肉用砖块体型。成年体重 4.5 ~ 5.0 千克。该兔早期生长发育快，肉用性能好，饲料报酬高，料重比 3.2∶1。据德国品种标准介绍，56 日龄体重 1.9 千克，90 日龄体重 2.8 ~ 3.0 千克，年育成仔兔 50 只。

（3）德国合成白兔（Z 系）　被毛白色，红眼，头清秀，耳短薄直立，体躯长而清秀。繁殖性能好，母兔年育成仔兔 60 只，平均每胎产仔 8 ~ 10 只。幼兔成活率高，适应性好，耐粗饲。成年体重 3.5 ~ 4.0 千克，90 日龄体重 2.1 ~ 2.5 千克。

G、N、Z 三系配套生产商品，德国标准为：年产商品活仔兔 60 只，胎产仔 8.2 只，28 日龄断奶重 650 克，56 日龄体重 2.0 千克，84 日龄体重 3.0 千克，日增重 40 克，料重比 2.8∶1。据四川省畜牧科学院家兔研究所测定，商品兔 90 日龄体重 2.58 千克，日增重 32 克以上，料重比（2.75 ~ 3.3）∶1。

（二）艾哥（ELCO）配套系

由法国养兔专家贝蒂先生经多年精心培育的大型白色肉兔配

套系。由 A、B、C、D 4 个系专门化品系组成。黑龙江省双城市龙华畜产有限公司和吉林松原市永生绿草畜牧有限公司 1994 年引入该兔。

（1）A 系 成年体重5.8千克以上，性成熟期26~28周龄，70 日龄体重2.5~2.7千克，28~70日龄料重比2.8∶1。

（2）B 系 成年体重5千克以上，性成熟期18~19周龄，70日龄体重2.5~2.7千克，28~70日龄料重比3.0∶1，每只母兔每年可生产断奶仔兔50只。

（3）C 系 成年体重3.8~4.2千克，性成熟期22~24周龄，性欲旺盛，配种能力强。

（4）D 系 成年体重4.2~4.4千克，性成熟期18~19周龄，年产成活仔兔80~90只，具有极好的繁殖性能。

父母代之父系由 AB 合成，产肉性能好，父母代之母系由 CD 合成，繁殖性能好。每年可繁殖商品代仔兔90~100只。

（三）伊拉（Hyla）配套系

由法国欧洲兔业公司在 20 世纪 70 年代末培育成功的配套系，由 A、B、C、D 4 个品系组成，具有遗传稳定、生长发育快、饲料报酬高、抗病力强、产仔多、出肉率高及肉质鲜嫩等特点。

（1）A 系 为祖代父系，全身白色，鼻端、耳、四肢末端呈黑色，成年体重 5.0 千克，受胎率76%，平均胎产仔8.35只，断奶死亡率10.31%，日增重50克，饲料报酬3.0∶1。

（2）B 系 为祖代母系，全身白色，鼻端、耳、四肢末端呈黑色，成年体重 4.9 千克，受胎率80%，平均胎产仔9.05只，断奶死亡率10.96%，日增重50克，饲料报酬2.8∶1。

（3）C 系 为祖代父系，全身白色，成年体重4.5千克，受胎率87%，平均胎产仔8.99只，断奶死亡率11.93%。

（4）D系 为祖代母系，全身白色，成年体重4.5千克，受胎率81%，平均胎产仔9.33只，断奶死亡率8.08%。

父母代之父系由AB合成，产肉性能好，父母代之母系由CD合成，繁殖性能好。商品代外貌呈加州色，28日龄断奶重680克，70日龄体重2.25千克，日增重43克，饲料报酬（2.7~2.9）：1，屠宰率58%~59%。

（四）伊普侣（Hyplus）肉兔配套系

该配套系由法国国立农科院兔场所选育的伊普吕肉兔配套系采用两两组合杂交，父母代有4个系：PS HYPLUS19、PS HY-PLUS39、PS HYPLUS59和PS HYPLUS79，其中1个母系、3个父系。伊普吕肉兔具有繁殖能力强、生长速度快、抗病力强、适应性强、肉质鲜嫩、出肉率高、易于饲养等优良品性。该品种平均年繁殖8.7窝，每窝活产仔数平均9.2只，11周龄重3~3.1千克，胴体屠宰率达59%~60%。

（五）伊高乐（Hycole）肉兔配套系

该配套系是由法国欧洲伊高尔育种公司遗传育种专家经过20多年培育而成的配套系肉兔品种。父系2个，有白色（或八点黑）和有色（或双色）；母系1个，由祖代GPC系公兔和祖代GPD系母兔杂交而成。伊高乐肉兔具有生长速度快、饲料转化率高、抗病力强、屠宰率高、繁殖性能强、产仔效率高等特点。35日龄断奶平均体重为1 000克，70日龄出栏平均体重为2.5千克，母兔窝产活仔数10只，乳头5~6对，有"超级奶兔"之称，断奶成活率和生长出栏率均可达95%以上，料肉比为3：1，屠宰率为59%。

第二节　肉兔品种的引进

一、肉兔引种原则

养殖场（户）选择和引进什么样的肉兔品种，直接关系到饲养的成败和饲养的经济效益，因此，在引种上要掌握以下几方面的原则。

（一）所选择品种要适合本场的技术和经营管理水平

新建肉兔养殖场由于技术力量缺乏，组织管理不清晰，初次引种是为了锻炼饲养员的技术和提高养殖场的组织管理能力，在当地一般种兔场选择优秀的肉兔品种 1～2 个即可。对技术和组织管理有经验的肉兔养殖场可每年分批次到省级种兔场有针对性地引进 1～2 个肉兔品种用于血缘更新和提高本场品种质量。对有专业肉兔育种技术人员的养殖场，在科学的育种方案指导下可在国内外著名肉兔育种机构引进原种或完整的配套系。

（二）所选择品种应有一定的育成和饲养历史，遗传和生产性能稳定

新育成的品种因选择时间短，遗传基因的纯合率可能不够高，尽管一些个体的生产性能会十分突出，但不一定会稳定地遗传，而且杂合体的外貌和性能有很多反而会比纯合体好，杂合体的性能是不会遗传的。因此，养兔场应选择管理严格、有专业人员的育种场引进育成和饲养历史较长的品种饲养，不要盲目求大、求新。

（三）所选择的品种引入地的气候和饲养管理条件与原产地的条件差不能过大

家兔的生活和生产离不开环境条件的影响。生活条件差异过大，会造成因不适应而发病死亡；优良的品种在低劣的饲养和饲料条件下，不仅不会发挥出生产水平，反而更容易发病死亡。建议中小型养殖场引种地点不能太远。

（四）所选择品种适合当地消费市场

在以生鲜肉兔消费为主的地区应选择早期生长速度快，屠宰体重在 2 千克，屠宰率高的品种。在消费分割兔肉和兔肉肉制品加工为主的地区应主要考虑引进屠宰体重大、屠宰率高的品种。

二、肉兔引种注意事项

种质资源在畜牧生产经营中的贡献率占 45% 左右。因此，引种是发展肉兔养殖成败的关键，养兔场在引进种兔时有以下事项需要注意：

（一）引种季节

肉兔怕热，且应激反应严重。所以，引种季节一般以气温适宜的春、秋两季为最佳，切忌夏季引种；冬季气候寒冷，以少引种为好。

（二）引种年龄

种兔的使用年限一般只有 3～4 年。由于老年种兔的经济、生产价值低，45 日龄以前的幼兔的适应性和抗病力较差。因此，引种年龄一般以 3～5 月龄的青年兔为最好。

（三）引种数量

初养兔户，一般引种数量不宜过多，以 6～10 只为好 [2～3组，公母比例 1：（2～3）]，待取得经验后再逐步扩大。规模化兔场应在专家指导下引种。

（四）种兔选择

种兔必须符合该品种特征，系谱档案齐全，生长发育良好，年龄不可过大。仔细鉴别每只种兔性别，检查生殖器发育是否正常，有无炎症；公兔阴茎要求包裹完好、粉红色，睾丸大小适中、匀称，阴囊不可过分松弛下垂；母兔要求外阴封闭良好，粉红而柔软，奶头应在 4 对以上，饱满均匀。骨骼粗壮结实，行走姿势正确；精神状态良好，无眼屎等分泌物；耳朵转动灵活，血管明显，耳道中无分泌物；鼻端干净无分泌物。被毛丰盛牢固带有光泽，腹部、臀部被毛洁净、整齐、分布均匀，腮毛与肛门周围干净；全身皮肤柔软而富有弹性，无皮肤病或皮下脓肿，脚趾健康无病；抓住种兔颈背皮毛，感觉应挣扎有力。检查口腔内牙齿不应有"地包天或天包地"现象。

（五）种兔的运输

引进种兔时，要办理必要的出场动物检疫合格证明。装车前不要饲喂过饱，运输时间达 1 天以上的，可饲喂适量的饲料。饲料应用原来兔场饲喂的饲料种类，且以青绿多汁饲料为主，精料为辅。运兔箱笼，以暗箱为好，能遮阳挡风，有效减少运输途中因外界环境变化给种兔造成的应激反应。但要注意保持空气流通，天气阴冷时，还要注意防寒保暖。3 月龄以上的公、母兔应分笼调运，避免早配；打架好斗的兔应及时调笼隔离；运输密度以平均每兔占有 $0.05 \sim 0.08$ 米^2 为宜，如无分隔设备，切忌密度过大。

（六）引种后的管理

防止刚引入的种兔到达目的地后暴饮暴食，以防引起胃肠道疾病。种兔到达目的地后，先让其安静 $1 \sim 2$ 小时再饮水、喂料，最好仍喂给和原来兔场同种或同类的饲料。如需换料，应采用在1周内逐步过渡的方法。在饲料中适当拌喂多维素和B族维生素，以增强种兔抗应激能力。种兔引回后，根据实际情况加强免疫或补免疫一次。随时观察引入种兔的健康状况，发现异常或病兔应及时隔离，加强护理和治疗，并要做好防鼠、防兽等工作。

第三节　种兔选留方法

选种就是根据预定的目标，把种质特性好的公、母兔选出做种用；不符合要求不良个体限制繁殖，转为商品肉兔生产用。选种是提高兔群生产力和改良品种的一项有效措施。

一、选种的主要依据

肉兔选种留种时主要的依据有如下几点。

（一）系谱档案

选留种兔应具备完整的系谱资料。系谱应记载 3～5 代的耳号、产地、出生日期、毛色特征、体重、生长及繁殖性能等。所选种兔应为优秀祖先的后代，有明显的本品种特征。种公兔要来自不同的血统。

（二）体型外貌

家兔的体型外貌不仅反映了家兔的外貌特征，同时也反映了家兔的内部机能、品种特征、生长发育、生产性能和健康情况。因此，外形鉴定是选种的重要手段之一。不同用途、品种的家兔有着不同的外形特点，对外形各部位要求也不一样。

头的大小与体躯相称说明发育正常，公兔头显得宽圆，母兔头则显得较清秀。健康的兔，眼明亮圆睁，无泪水和眼屎。眼球颜色要符合品种要求，白化兔如新西兰白兔、中国白兔、日本大耳兔眼球应为粉红色。兔耳朵的大小、形状、厚薄和是否竖立是家兔品种的重要特征之一。日本大耳兔耳大而直立，形似柳叶，新西兰白兔耳长中等、直立、稍厚。立耳兔如果一耳或两耳下垂，则有可能是遗传缺陷。

健康和发育正常的家兔，胸部宽深，背部宽平；臀部是肉兔产肉部位，应当丰满、宽圆；腹部要求容量大，有弹性而不松弛；脊椎骨如算盘珠似的节节突出，是营养不良、体质较差的表现。

四肢要求强壮有力，肌肉发达，姿势端正。遇有"划水"姿势、后肢瘫痪、跛行等情况不能留种。

被毛颜色和长短应具有品种特征，无论何种用途的品种，都要求被毛浓密、柔软、有弹性和富有光泽，颜色纯正。

体重与体尺的大小，是衡量家兔生产发育情况的重要依据。选种时应选择同品种同龄兔中体重和体尺较大的留种。体重和体尺大的说明生长发育好，生产性能高。

乳头数多少与产仔数有一定的关系，种兔乳头数一般要求4对以上。公兔睾丸匀称，阴囊明显，无隐睾或单睾；母兔外阴开口端正。生殖器无炎症，无传染病。此外，母性不好、有食仔癖、有习惯性流产的母兔，以及性情粗暴、性欲不强的公兔不宜留种。

(三) 生长发育

家兔生长发育的主要标志是体重的增加和身体各部位体尺的增长。选种时，根据不同时期体重、体尺大小进行，应选择同品种同龄兔中体型较大的留种。

（四）生产性能

肉兔生产性能包括产肉和繁殖性能等。产肉性能主要包括生长速度即日增重（克/天）、饲料转换率和屠宰率。一般肉兔活重指屠宰前停食 12 小时以上的活重；胴体重分为全净膛胴体重和半净膛胴体重，全净膛指放血、去皮、去头、去尾、去前脚（腕关节以下）、去后脚（腕关节以下）、剥除内脏（包括腹壁脂肪）的胴体；半净膛指在全净膛的基础上保留肝、肾、腹壁脂肪的胴体。

繁殖性能指标包括受胎率、产仔数、产活仔兔数、初生窝重（12 小时内称测产活仔的全窝重量）、泌乳力（用 3 周龄仔兔窝重表示）和断奶窝重。

二、常用选种方法

（一）个体选择

个体选择就是根据肉兔的外形和生产成绩而选留种兔的一种方法。这种选择对质量性状的选择最为有效，对数量性状的选择其可靠性受遗传力大小的影响较大，遗传力越高的性状，选择效果越准确。选择时不考虑窝别，在大群中按性状的优势或高低排队，确定选留个体，这种方法主要用于单性状的性能测定，按某一性状的表型值与群体中同一性状的均值之间的比值大小（性状比）进行排队，比值大的个体就是选留对象。如果选择 2~3 个性状，则要将这些性状按照遗传力大小、经济重要性等确定一个综合指数，按照指数的大小对所选的种兔进行排队，指数越高的家兔其种用价值越高，高指数的个体就是选留对象。这种选种方法就是生产中所指的"群体选种法"。

常采用的个体选择主要有百分数法和指数法。

（1）百分数法 即采用百分制的选择方法。在肉兔生产中，根据兔群的生产水平，制订出肉兔每个经济性状的评分标准，并根据每个经济性状的重要性给予一定的分数；选择时，按照标准给每个经济性状打分，把各性状的分数加起来就是肉兔个体的得分，满分为100分，然后，再根据留种数量的多少，选留得分最高的个体作为种用。

（2）指数选择法 把肉兔的某些重要的且易度量的经济形状作为选择指标，根据选种的主要目标和该形状的重要程度，再给每个性状乘以一定系数，然后将各经济性状的数值加起来，从大到小进行选种。

（二）家系选择

家系选择就是以整个家系（包括全同胞家系和半同胞家系）作为一个选择单位，但根据家系某种生产性能平均值的高低来进行选择。利用这种方法选种时，个体生产水平的高低，除对家系生产性能的平均值有贡献外，不起其他作用，这种方法选留的是一个整体，均值高的家系就是选留对象，那些存在于均值不高的家系中而生产性能较高的个体并不是选留的对象。家系选择多用于遗传力低，受环境影响较大的性状。对于遗传力较低的繁殖性状如窝产仔数、产活仔数、初生窝重等采用这种方法选择效果较好。

（三）家系内选择

家系内选择就是根据个体表型值与家系均值离差的大小进行选择，从每个家系选留表型值较高的个体留种，也就是每个家系都是选种时关注的对象，但关注的不是家系的全部，而是每个家系内表型值较高的个体，将每个家系挑选最好的个体留种就能获得较好地选择效果。这种选择方法最适合家系成员间表型相关很大而遗传力又低的性状。

（四）系谱选择

系谱是记录一头种兔的父母及其各祖先情况的一种系统资料，完整的系谱一般应包括个体的 2~3 代祖先，记载每个祖先的编号、名称、生产成绩、外貌评分以及有无遗传性疾病、外貌缺陷等。根据祖先的成绩来确定当代种兔是否选留的一种方法就是系谱选择，也称系谱鉴定。系谱一般有 3 种形式即竖式系谱、横式系谱（图 3-1）和结构式系谱。系谱选择多用于对幼兔和公兔的选择。根据遗传规律，以父母代对子代的影响最大，其次是祖代，再次是曾祖代。祖代越远对后代的影响越小，通常只比较 2~3 代就可以了，以比较父母的资料为最重要。利用这种方法选种时，通常需要 2 只以上种兔的系谱对比观察，选优良者做种用。

（五）同胞选择

同胞选择就是通过半同胞或全同胞测定，对比半同胞或全同胞或半同胞－全同胞混合家系的成绩，来确定选留种兔的一种选择方法，同胞选择也叫同胞测验。同胞选择是家系选择的一种变化形式，二者不同的是家系选择选留的是整个家系，中选个体的度量值包括在家系均值中，而同胞选择是根据同胞平均成绩选留，中选的个体并不参与同胞均值的计算，有时所选的个体本身甚至没有度量值（如限性性状）。从选择的效果来看，当家系很大时，两种选择效果几乎相等。由于同胞资料获得较早，根据同胞资料可以达到早期选种的目的，对于繁殖力、泌乳力等公兔不能表现的性状，以及屠宰率、胴体品质等不能活体度量的性状，同胞选择更具有重要意义。对于遗传力低的限性性状，在个体选择的基础上，再结合同胞选择，可以提高选种的准确性。

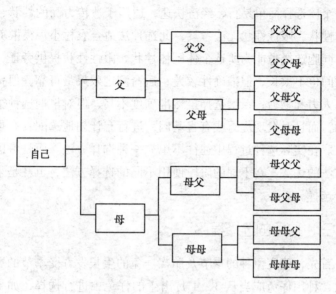

图 3－1 家兔的横式系谱图

（六）后裔选择

后裔选择是根据同胞、半同胞或混合家系的成绩选择上一代公、母兔的一种选种方法，它是通过对比个体子女的平均表型值的大小从而确定该个体是否选留，这种方法也称为后裔鉴定，常用的方法有母女比较法和公兔指数法，不同后代间比较法和同期同龄女儿比较法。后裔选择依据的是后代的表现，因而被认为是最可靠的选种方法，但是这种方法所需的时间较长，人力和物力耗费也较大，有时因条件所限，只有少数个体参加后裔鉴定；同时当取得后裔测定结果时，种兔的年龄已大，优秀个体得不到及早利用，延长了世代间隔，因此常用于公兔的选择。后裔选择时应注意同一公兔选配的母兔尽可能相同，饲养条件尽可能一致，母兔产仔时间尽可能安排在同一季节，以消除季节差异。

个体选择简单易行，经济快速，适用于遗传力高的性状，对胴体性状、限性性状无法考察，此选种法适合农村小规模散养户用；同胞选择虽能为所选个体胴体性状、限性性状提供旁证，花费时间也不太长，但准确性较差；后裔测定效果最可靠，但费时间、人力和物力；系谱选择虽然准确度不高，但对早期选种很有帮助，而且对发现优秀或有害基因，进行有计划地选配具有重要意义。在实际选种过程中往往不单靠一种选择方法，而是考虑几种方法的优势，在不同的阶段使用不同的选择方法，也就是采用综合选择。

三、种兔的选择程序

首先，确定留种的季节及胎次。兔的生长发育受季节的影响较大，种用仔兔应当从 3 ~ 4 月出生的仔兔中进行选择，如果出现选留的数量不足，还可以从 10 ~ 11 月出生的仔兔中进行选择。种用后备兔应当主要从第 2 胎中进行选留。其次，考察本窝的情况。选留的种兔必须要从体格健壮、体型外貌符合该品种要求，产仔多和母性强的经产母兔的仔兔群中来挑选。如在同窝仔兔中有肛门闭锁、疝气、乳头内陷、隐睾等遗传缺陷个体，或同窝仔兔发育参差不齐、患病多、死亡率高，不宜从该窝中选留。再次，筛选个体。应当选留同窝中的初生个体大、断奶重高、体格健壮的优秀个体，后备母兔的有效乳头应当选留在 4 对以上、排列整齐、无瞎乳头或赘生乳头；后备公兔要求睾丸应当匀称，性欲要强，凡外形有严重缺陷，隐睾或睾丸大小不一的兔，一律不要留作后备兔。

具体操作可用 4 阶段选择，即：

第 1 次选种在仔兔断奶时进行，约 35 日龄。依据父母的繁殖成绩、体型外貌，再看同窝的同胞姐妹生长发育的整齐度，保证乳头数在 4 对以上，同窝没有出现遗传病症作为选留依据。

第 2 次选种一般在 3 月龄时进行。考察重点是 3 月龄体重、断奶至 3 月龄的日增重等。应选留生长发育快、抗病力强、生殖系统无异常的个体留作种用。淘汰生长慢、有病的个体。

第 3 次选种在 6 月龄左右，在前 2 次选种的基础上进行精选，总体要求能够正常生长发育，保证良好的种用体况，性成熟和体成熟平行发展，能够如期发情配种。

第 4 次选种一般在 1 岁左右，根据前 3 胎受配情况、母性、产（活）仔数、泌乳力、仔兔断奶体重和断奶成活率等，进行综合选择。一般在第 4 次选种后的种兔才能做为本场的种兔正常使用。

四、种兔选择相关指标的测定方法

（一）生产性能

生产性能是对家畜个体具有特定经济价值的某一性状表型值进行测定的一种育种措施，是对种兔进行遗传评估最基本的依据，是育种工作的基础。肉兔的生产性能评定包括生长速度、胴体重、屠宰率、料肉比及胴体品质等。

（1）生长速度 评定方法有 3 种，即一定时间内肉兔的体重或体尺变化、单位时间内肉兔的日增重和达到一定屠宰体重所需的日龄。

评定方法一：一定时间内肉兔的体重或体尺变化，计算公式为

$$G = \frac{W_1 - W_0}{T_1 - T_0}$$

式中，G 为单位时间肉兔体重或体尺的变化；W_0 为肉兔评定的初始体重或体尺，W_1 为肉兔的评定期末的体重或体尺；T_0 为肉兔评定的初始日龄，T_1 为肉兔评定期末日龄。

评定方法二：单位时间内肉兔的日增重变化，计算公式为

$$G = \frac{W_1 - W_0}{t}$$

式中，G 为平均日增重；W_0 为肉兔评定的初始体重；W_1 为肉兔评定期末体重；t 为肉兔评定期持续天数。

评定方法三：达到一定屠宰体重所需的日龄。一般以达到 2 500 克体重的日龄来评价肉兔的生长速度。

（2）胴体重　一般有 3 种表示方法，一种是全净膛重，即屠宰后除去头、脚、血、皮和内脏后的屠体重量；一种是半净膛重，即屠宰后除去头、脚、血、皮和内脏后的屠体，再加上肾脏的重量；还有一种表示方式为屠宰后除去头、脚、血、皮和内脏后的屠体，再加上肾、肝、心等可食部分的重量。注意测定胴体重一定要在屠体尚未完全冷却前进行。

（3）屠宰率　肉兔宰后胴体重占宰前空腹重的百分数，屠宰率越高，收入相对越高。计算公式为：

屠宰率（％）＝胴体重/宰前空腹重×100

（4）料肉比　每增加 1 千克体重所消耗的饲料量。它是评价饲料报酬的一个重要指标，料肉比越大说明每千克增重所耗饲料越多，养殖成本就越高。

（5）胴体品质　肉兔的胴体品质一般采用胴体长、瘦肉率、肉骨比和脂肪率等指标评定。

胴体长：从第 1 胸椎到髋关节之间的直线距离。

瘦肉率：瘦肉重占胴体重的百分比。

肉骨比：瘦肉重占骨重的比例。

脂肪率：脂肪占胴体重的百分比。

（二）繁殖性能

兔的繁殖性能主要对产仔数、断奶仔数、断奶窝重等指标进行评定。

年总产仔数：一年内所产仔兔数量的总和，包括新产的死仔兔数。

年产活仔数：一年内所产的活仔兔数量的总和。

断奶仔兔数：断奶时存活的仔兔数量，包括代为哺乳的仔兔数。

断奶成活率：断奶仔数占产活仔兔数的百分比。

初生窝重：所有初生仔兔出生时的总重。

泌乳力：一般测母兔产后20天的泌乳能力，以20日龄仔兔窝增重表示。泌乳力 ＝ 20 日龄仔兔窝重 － 初生窝重

断奶窝重：仔兔断奶时全窝仔兔的总重量，包括寄养仔兔重量，称重应在断奶当日空腹时进行。

配种受胎率：一个发情周期内，母兔配种后，怀孕母兔数占配种母兔数的百分比。

在实际生产中，母兔还需对其母性、有效乳头数、有无恶癖等指标进行考评，公兔主要对交配能力、性欲强弱、精液品质、睾丸大小及均匀度进行考评。

（三）体型外貌

根据外部形态来评定肉兔优劣的方法，肉兔外貌在一定程度上能够反映其本身的生产性能和体质类型。不同品种的肉兔具有各自不同的体型外貌特征，肉兔的外貌鉴定主要包括以下几点。

（1）头部　头部性状是肉兔体质类型的象征。头部大小适

中，与身体各部位相称，以紧凑型最为理想，过大或太小均被认为是缺陷；眼睛要大，符合本品种特征，明亮有神，无眼疾和明显缺陷；耳大小形状需符合本品种特征，血管明显、活动灵活。

（2）体躯　颈部肌肉发达，颈与头及与躯干结合良好；胸围大，胸部要宽而深，表明心肺发育良好；背腰要宽广、平直，背部下凹或驼背、狭窄为骨骼纤细、体质羸弱的表现；臀部应丰满圆润，触摸脊椎时，无明显的凸起感。

（3）四肢　四肢要求肌肉发达、健壮有力，长短适中，活动正常。

（4）被毛　应柔软、浓密、细致，富有光泽和弹性，符合品种特征要求。

（5）体尺　应达到品种特征要求。与生产性能有关的体尺指标主要有体长和胸围，体尺的测定单位一般为厘米。

体长：肉兔鼻端到尾根的直线距离，也有两耳连线重点紧贴脊柱至尾根的长度。

胸围：用卷尺在前肢肘突内缘腋窝处，垂直测量胸部的周径。

第四章

肉兔的场舍建筑与环境调控

第一节　肉兔场选址要求

一、选址与建场条件

肉兔的饲养场址，一般应当符合以下条件。

（一）地势、地形及面积

场址应选择地势高燥、平坦、有适当坡度、排水良好的地方，要向阳背风，面积宽敞，地下水位在 2 米以下；地势低洼、排水不良及背阴的狭谷地方不宜作兔场，这样的场地湿度大，细菌和寄生虫繁殖快，兔病多。生产区建筑面积按 1 只基础母兔 1.5~2.0 米^2 计算，兔场占地面积按 1 只基础母兔 8~10 米^2 规划。

（二）水源

一个理想的兔场，必须要有水量充足、水质良好的水源。最好的水源是泉水、溪间水或城市的自来水，其次是江河中流动的活水，最次为池塘水。水质应符合《生活饮用水卫生标准》（GB 5749—2006）的要求，便于保护和取用。

（三）土质

兔场用地最好是沙质壤土。这类土壤透水性强，能保持干燥，导热性小，有良好的保温性能，可为兔群提供良好的生活条件。土壤的颗粒较大，强度大，承受压力大，透水性强，饱和力差，在结冰时不会膨胀，能满足建筑上的要求；这种土壤由于空气和水分的矛盾比较协调，也是植物生长的良好土壤，有利于饲料作物的生长，而黄土、黏土则不宜作兔场场址。

（四）社会联系

交通要较方便，但应和公路、铁路和村庄有一定距离，要远离屠宰场、牲畜市场、畜产品加工厂、牲畜来往频繁的道路、港口或车站。因交通运输频繁的地区，携带病菌较多，易造成疾病的传播，同时易带来噪声。

兔场场址与居民点不能混在一起，中间应有一定的卫生间隔，把兔场与居民点适当分隔起来，这对居民的环境卫生和肉兔的卫生防疫工作都有很大的好处。兔舍之间也要有50米左右的卫生间隔，舍内外要有消毒设备，以防传染病的发生。

另外，兔场周围要有一定面积的耕地供种植饲料。要处理好兔舍的朝向，根据我国的地理位置和长期经验来看，南向兔舍在全国各地区都较为适宜的，在冬季可获得较多的日照，夏季避免过多的日射，并有利于自然通风。但可根据当地情况向东或向西偏15度以内；兔舍之间平行排列，兔舍间距为高度的1.5~2倍。

二、规划与布局

（一）规划的基本原则

建筑紧凑，同时考虑将来技术提高和改造的可能性。

（二）兔场的分区布局

兔场建筑设施必须明确分为生产区、管理生活区、辅助区3个，各区之间界限明显，联系方便。生产区是兔场的核心部分，其排列方向应面对该地区的常年风向。为了防止生产区的气味影响生活区，生产区应与生活区并列排列并处偏下风位置。生产区内部应按核心群种兔舍—繁殖兔舍—育成兔舍—幼兔舍的顺序排列，并尽可能避免运料路线与运粪路线的交叉。管理生活区占全场的上风和地势较高的地段，其位置应尽可能靠近大门口，使对外交流更加方便，也减少对生产区的直接干扰。管理生活区由职工宿舍、食堂、办公室、接待室、培训教室、饲料间、车库和防疫消毒设施等组成。辅助区包括兽医室、病死兔处理间和粪尿处理设施等，辅助区设在生产区、管理生活区的下风向，以保证整个兔场的安全。

各个兔场对区域的具体布局，本着有利于生产和防疫、方便工作及管理的原则，合理安排。对于大型肉兔养殖场，各个功能区之间的间距应大于 50 米，并用防疫隔离带或墙隔开。

（三）道路设置

兔场与外界需有专用道路连通，场内主干道 5.5 ~ 6.0 米，支干道 2 ~ 3 米。场内道路分净道和污道，净道不能与污道通用或交叉，隔离区必须有单独的道路。道路应坚实，排水良好。

第二节　肉兔舍类型与建筑

一、兔舍建筑设计的原则

（一）符合肉兔的生物学特性

兔舍的设计要符合肉兔的生物学特性，家兔喜欢干燥，在场址选择时就应考虑；家兔怕热耐寒，在确定兔舍朝向、结构及设计通风设施时就要注重防暑；家兔喜啃硬物（啮齿行为），建造兔舍时，在笼门边框、产仔箱边缘等处，凡是能被家兔啃咬到的地方，都要采取必要的加固措施或选用合适的耐啃咬的材料。

（二）有利于提高劳动生产效率

兔舍既是家兔的生活环境，又是饲养人员对家兔日常管理和操作的工作环境。兔舍设计不合理，一方面会加大饲养人员的劳动强度，另一方面也会影响饲养人员的工作情绪，最终会影响劳动生产效率。因此，兔舍设计与建筑要便于饲养人员的日常管理和操作。有的兔场设计时粪沟、雨水沟未分开，屋檐水直接滴入粪沟内，一方面雨季清扫粪沟不方便，另一方面粪污处理量增大。

（三）满足肉兔生产流程的需要

肉兔的生产流程是由肉兔的生产特点所决定的，它由许多环节组成，受多种因素影响。生产类型、饲养目的不同，生产流程也有所不同。兔舍设计应满足相应的生产流程的需要，而不能违背生产流程进行盲目设计，要避免生产流程中各环节在设计上的脱节或不协调、不配套。如种兔场，以生产种兔为目的，就需要按种兔生产流程设计建造相应的种兔舍、测定兔舍、后备兔舍等；商品兔场，则需要设计建造种兔舍、育肥兔舍等。各种类型兔舍、兔笼的结构要合理，数量要配套。

（四）每幢兔舍容量

一般中、小型自繁自养商品肉兔场，每幢兔舍以饲养基础母兔200只，每只母兔按3个笼位计算，每幢兔舍600个笼位，根据具体情况每幢可分隔成小区，每幢兔舍就是1个饲养员的工作量，这样方便管理。如为大型肉兔养殖场应找专业兔场规划设计人员根据实际情况设计。

（五）考虑投入产出比

在满足肉兔生理要求的前提下，尽量减少投入，以便早日收回投资。在兔舍形式、结构及设施的选择上都应突出经济效益，选材要因地制宜、就地取材，经济实用。资金回收期一般小型兔场1~2年，中型兔场2~4年，大型兔场4~6年。

二、兔舍的结构组成及要求

兔舍既是家兔的生活空间，又是生产车间。对兔舍设计与建筑，既有建筑学方面的技术要求，又有家兔生物学方面的专业要求。兔舍形式、结构、内部布置必须符合家兔的饲养管理和卫生防疫要求，也必须与不同的地理条件相适应。在建筑上要有相应的防雨、防潮、防暑降温、防兽害及防严寒等措施。

（一）舍顶

舍顶是兔舍上部的外围护结构，用以防止降水和风沙侵袭及隔绝太阳辐射热，无论对冬季的保温和夏季的隔热，都有重要意义。屋顶坡度，常采用高跨比，在寒冷积雪和多雨地区，坡度应大些，一般高跨比为1：（2~5）。有条件的兔场可在舍顶加隔热层、安装喷淋系统等，有利于夏季降温；为加强通风换气，可在舍顶安装无动力抽风装置。

（二）地面

兔舍地面质量，不仅影响舍内小气候与卫生状况，还会影响肉兔的健康及生产力。对地面总的要求是：坚固致密，平坦不滑，抗机械能力强，耐消毒液及其他化学物质的腐蚀，耐冲刷，易清扫消毒，保温隔潮，能保证粪尿及洗涤用水及时排走。为防雨水及地面水流入兔舍，便于粪尿的清理及自然流出，兔舍地面要高出舍外地面20~30厘米。

（三）舍高

通常以净高即地面至天棚（天花板）的高度表示。舍高有利于通风，但不利于保温。因此，寒冷地区净高一般为 2.5 ~ 2.8 米，炎热地区应加大 0.5 ~ 1 米。

（四）兔舍跨度和长度

兔舍的跨度要根据肉兔的生产方向、兔笼形式和排列方式以及气候环境而定。一般单列式兔舍跨度不大于 3 米，双列式 4 米左右，三列式 5 米左右，四列式 6 ~ 7 米。兔舍跨度过大不利于通风和采光，也给建筑带来困难，一般控制在 10 米以内。兔舍的长度可根据场地条件、建筑物布局灵活掌握。为便于兔舍的消毒和防疫以及粪尿沟的坡度，兔舍长度应控制在 50 米以内。

（五）雨污系统

兔舍的排污系统由粪尿沟、沉淀池、暗沟、蓄粪池、雨水沟等组成。

（1）粪尿沟　排出舍内粪、尿和污水，根据不同笼舍的具体情况可设在墙角外或笼后。粪尿沟的宽度根据兔笼的粪便排出方式而定，不宜过宽，以减少与大气接触面，沟底面呈月牙形，便于清理粪尿沟。粪尿沟坡度一般为 1% ~ 1.5%。粪尿沟必须表面光滑，一般以水泥抹制或铺设地板砖。需要收集干粪的肉兔场可在粪尿沟月牙形底部再挖一条小沟后铺设滤网，滤网上为干粪，兔尿通过下面小沟直接流向蓄便池。

（2）沉淀池　是将粪便中的固形物进行沉淀的小井，上接粪尿沟，下通暗沟，为防止被残草、粪便等堵塞，应在沉淀池入口处设滤网。需要收集兔干粪的肉兔场也可每幢兔舍设沉淀池，在沉淀池入口滤网处收集干粪。

（3）暗沟　是沉淀池通向蓄粪池的地下管道。为防臭气回流，暗沟要开口于池的下部，管道呈 3% ~5% 的坡度。

（4）蓄便池 用于蓄集舍内排出的粪尿和污水，应设在舍外 5 米以外的地方。池底及四壁要坚固，不透水，池的上口要高出地面 10 厘米以上，以防地面水流入池内。

（5）雨水沟 舍顶的雨水或雪水直接滴入雨水沟，防止雨污混合后增大粪污处理量。

（六）门窗

兔舍的门应结实耐用，开启方便，并闭严实，防兽害，保证生产过程（如运料、清粪等）的顺利进行。兔舍门向外开，门上不应有尖锐突出物，门的大小和位置因情况而异。

兔舍的窗主要用于自然采光和自然通风。窗户的装置和结构对兔舍的光照度、温湿度和空气的新鲜度等都有重大影响。窗户面积愈大，进入舍内的光线愈多。窗户面积的大小，以采光系数来表示，即窗户的有效采光面积同舍内地面面积之比。兔舍的采光系数种兔舍在 1：10 左右，育肥舍在 1：15 左右。

入射角是兔舍地面中央一点到窗户上缘所引的直线与地面水平线之间的夹角。入射角愈大，愈有利于采光。兔舍窗户的入射角一般不小于 25°。

从采光效果看，立式窗户比水平式窗户好。但立式窗户散热较多，不利于冬季保温。故寒冷地区在兔舍南墙设立式窗户，在北墙设水平式窗户。为增加保温能力，寒冷地区窗户可设双层玻璃。

（七）通风换气系统

（1）自然通风 主要靠打开门窗或修建开放式、半开放式兔舍达到通风换气的目的。我国南方多采用自然通风，但在炎热的夏季要辅以机械通风。北方地区在温暖季节主要采用自然通风，但在寒冷的冬季，为保温而关闭门窗，靠自然通风不能保证应有的换气量，应设置特殊的换气装置。对半开放和封闭式兔舍可在舍顶安装天井或天窗。自然通风适于小规模兔场，在兔群密度不大的情况下实施有效，对大规模、高密度的兔舍是不适用的。

（2）机械通风　又称动力学通风，适于机械化、自动化程度较高的大型兔场，又分正压通风和负压通风两种。正压通风是指风机将舍外新鲜空气强制送入舍内，使舍内压力增高，舍内污浊空气经风口或风管自然排走的换气方式。可对进入的空气进行加热、冷却或过滤等予处理，从而可有效地保证舍内适宜的温湿状况和清洁的空气环境，在寒冷和炎热地区适用，但造价高，管理费用也大。负压通风是通过风机抽出舍内污浊空气，使舍内气压相对低于舍外，新鲜空气通过进气口或进气管流入舍内而形成舍内外空气的交换。负压通风比较简单，在舍顶安装无动力抽风装置即可达到效果，这个方法投资少，管理费用低，因此被多数兔场采用。

（3）混合式通风　同时用风机进行送气和排气，适于兔舍跨度和长度均较大的规模化兔场。

（八）清粪系统

小型兔场一般采用人工清粪，即用扫帚将粪便集中，再装入运输工具内运出舍外。大型兔场机械化程度较高，则采用自动清粪设备。常用的有导架式刮板清粪机和水冲式清粪设备。

（1）导架式刮板清粪机　由导架和刮板组成。导架由两侧导板和前后支架焊接而成，四角端由钢索与前后牵引钢索相连。刮板由底板和侧板焊接构成。导架式刮板清粪机适于阶梯式或半阶梯式兔笼的浅明沟刮粪。其工作可由定时器控制，也可人工控制。缺点是粪便刮得不太干净，钢丝牵引绳易被腐蚀。

（2）水冲式清粪设备　水冲式清粪是以大量的水同时流过一带坡度的浅沟，将兔粪冲入贮粪池或其他设施。水冲式清粪消耗动力小，设备简单，投资小，容易操作，但需水量大。

三、兔舍的类型及特点

兔舍的建筑形式，依据地理环境条件、社会和经济条件、生产方向、生产水平及饲养方式而定。

（一）按墙的结构和窗的有无划分

（1）棚式兔舍　四面无墙，只有舍顶，靠立柱支撑。适用于冬季不结冰或四季如春的地区。优点：通风透光好，空气新鲜；光照充足；造价低，投资少，投产快。缺点：只起到遮光避雨的作用，无法进行环境控制，不利于防兽害。

（2）开放式兔舍　三面有墙与顶相接，前面敞开或设丝网，适于较温暖的地区采用。优点：通风透光好，空气新鲜；呼吸道疾病及眼疾较少，管理方便，造价较低。缺点：无法进行环境控制，不利于防兽害。

（3）半开放式兔舍　三面设墙与顶相接，前面设半截墙。为防兽害，半截墙上部可安装铁丝网。冬季为了保温，封上活动式塑料膜。为利于通风，可设后窗。适于四季温差小而较温暖的地区。优点：通风透光好，可防兽害，投资较少，管理方便。

（4）封闭舍　上有屋顶遮盖，四周有墙壁，前后墙装有窗户。通风换气依赖于门、窗和通风管，是目前我国应用最多的一种普通兔舍。优点：有较好的保温作用，可进行舍内环境控制，便于人工管理，可防兽害。缺点：粪尿沟在舍内，有害气体浓度高，呼吸道疾病较多。特别是在冬季，通风和保温矛盾。

（5）无窗舍　即环境控制舍。该种兔舍没有窗户（或设应急窗，平时不使用），舍内的温度、湿度、气流、光照等全部人工控制在适宜范围内。优点：给兔创造了一个适宜的环境条件，克服了季节的影响，可使肉兔周年生产，提高了生产力和饲料转化率；避免了鼠、鸟及昆虫等进入兔舍的可能性，有效地控制了传染病的传播；便于机械化、自动化操作，节省劳力，减轻了劳动强度，提高了劳动效率。缺点：对建筑物和附属设备要求很高，务必达到良好而稳定的性能方可正常运转；必须供给肉兔营养全价的饲料，否则兔群的营养代谢病严重；兔群质量要求高，规格一致，为无特定病原群；对水、电和设备绝对依赖，一旦某一方面发生故障，将无法正常运行。

无窗舍的兔群周转实行"全进全出"制，既利于控制疾病，又便于管理，可使肉兔年龄、体重、生理阶段等比较一致，达到最佳的生产效果。但是，必须有科学的管理手段、周密的生产计划、妥善的措施和严格的规章制度作保证。

(二) 按兔笼的排列划分

(1) 单列式兔舍 即兔舍内部沿纵向布置 1 列兔笼的兔舍（图 4-1 和图 4-2）。在我国南方多见。一般为 2 层或 3 层重叠式兔笼。兔笼前面（阳面）设置一条走道，后面设一条粪沟和除粪道。也有的将粪沟设在舍外，但仅适于气候温暖而潮湿的地区。该舍跨度小，兔舍的利用率低；便于管理，通风透光好，但不利于保温。适于较温暖地区和饲养种兔。

(2) 双列式兔舍 沿兔舍纵轴方向放置 2 列兔笼的兔舍（图 4-3 和图 4-4）。较单列兔笼的跨度大一些，兔舍的利用率也较高。我国各地应用更为普遍。

(3) 多列式兔舍 沿兔舍纵轴方向放置 3 列或 3 列以上兔笼的兔舍（图 4-5 和图 4-6）。跨度大，放置兔笼以单层或双层为

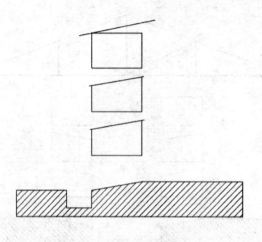

图 4 – 1 室外单列式兔舍示意图

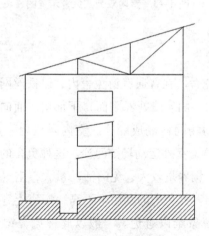

图 4 – 2 室内单列式兔舍示意图

宜，否则，兔笼层数高，影响通风和采光。适用于大型集约化

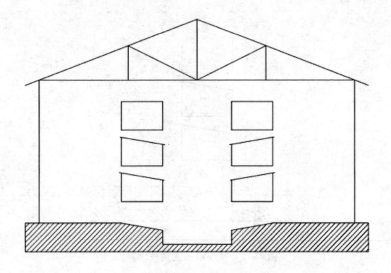

图 4 - 3　室内双列式兔舍示意图

兔场。

（三）其他

（1）栅式兔舍　在普通有窗兔舍内，以铁丝网、竹条等隔成若干隔栏，栏内一侧靠墙处（阳面）下部留一通向室外运动场的通道。室外运动场同样隔成隔栏。室内隔栏内一般设漏粪踏板（多以竹板制作），室外运动场铺河沙。这种兔舍的优点是管理方便，节省人工，饲养量较大，兔的活动量大，空气新鲜，光照充足，兔体质健康。但兔舍的利用率不高，疾病不容易控制，兔间的咬斗和偷配现象难以避免。一般以此种兔舍饲养后备兔和育肥兔。

（2）室外笼舍　在室外以砖、石等砌成的笼舍合一结构，一般 2 层或 3 层重叠，种母兔间还可设产仔室，兔舍覆以较大而厚

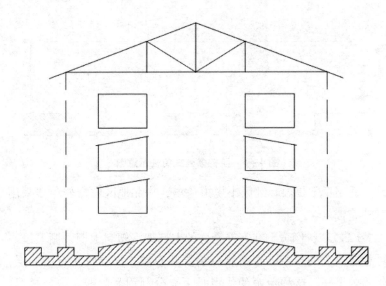

图4-4 半开放双列式兔舍示意图

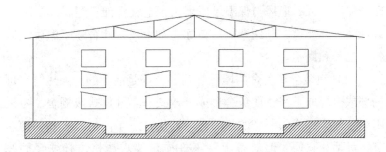

图4-5 垂直多列式兔舍示意图

的顶,以遮阳挡风防雨雪。优点是通风,透光,干燥,卫生,造价低,兔体健壮,很少发生疾病,特别是呼吸道疾病较室内明显减少。缺点是无法进行环境控制,特别是冬季保温差,彻底消毒

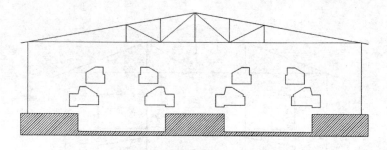

图4-6　阶梯多列式兔舍示意图

难。适用于干旱温暖地区小规模兔场，华北地区农家养兔多采用室外笼舍。

（3）塑料棚舍　在室外笼舍的上部架一塑料大棚，棚上设一可卷起放下的草帘。塑料膜有单层和双层，双层膜间有缓冲层，保温效果好。这种兔舍的优点是可充分利用太阳能，增加舍温，光照充足，造价低，施工方便，一次性投资小，冬季管理较方便。但湿度大，通风与保温矛盾突出，空气污浊。塑料膜受阳光柴外线破坏严重，利用期短；怕冰雹和大风；此舍适于温暖地区冬季饲养和繁殖。

（4）组装舍　兔舍的墙壁和门、窗都是活动的。天热时，可局部或全部取下来，使兔舍形成开放式、半开放式或棚舍。冬天则组装起来，成为严密的封闭舍。其优点适于任何地区和任何季节，灵活、方便。但对各组装零件质量要求严格，必须轻而坚固，隔热性能好。装卸兔舍对兔有一定影响。组装舍在国外一些发达国家较为盛行，适用于临时性兔场或移动性兔场。

第三节 肉兔笼及附属设备

一、兔笼

兔笼是现代肉兔生产的必备工具，是肉兔生活的必需条件。适宜的笼具，可以给兔创造一个良好的生活空间，提高生产效率。否则，将会影响兔的生产性能，甚至导致疾病和死亡。

（一）兔笼的基本结构

一个完整的兔笼由笼体及附属设备组成。笼体由笼门、笼底板及承粪板等组成。

（1）笼门 有单双门之分，一般的附属设备如草架、食槽、记录牌等配置在笼门上。笼门多采用前开门、上开门或前上开门，一般为转轴式左右或上下开启，也有推拉式左右开启。无论何种形式，笼门应启闭方便，关闭严实，无噪声，不变形。笼门取材多样，可用铁网、铁条、竹板、木料、塑料等制作，目前使用的多为镀锌冷拉电焊网。

（2）笼底板 是兔笼最关键的部分，其质地、间距大小、平整度等对兔的健康及笼的清洁卫生有直接影响。笼底板要求平而不滑，坚而有一定柔性，易清理消毒，耐腐蚀，不吸水，能及时排除粪尿。底网丝间隙1.0~1.5厘米为宜（断奶后幼兔笼1.0~1.1厘米，成兔笼1.2~1.5厘米）。

根据制作材料不同底网有以下3种。

①竹片笼底板：取材方便，经济实用。板条坚而不硬，较耐啃咬，吸水性小，易干燥，隔热性好，容易钉制。制作时应将竹

节锉平，边棱不留毛刺，钉头不外露。板条宽度一般为 2.5～3 厘米。

②金属焊接笼底板：多见于金属笼。其优点是耐啃咬、易清洗，适于各种消毒方法，粪尿易排除，不出现卡脚现象。但导热快，容易出现锈蚀，对于大型兔，容易发生脚皮炎。

③镀塑金属笼底板：在普通金属网表面镀了一层塑料，既有金属网的强度和弹性，又有塑料的柔性，可明显降低脚皮炎的发生率，减少了锈蚀，但成本增加，有时仍被啃咬引起锈蚀。

（3）承粪板　重叠式兔笼和半阶梯式兔笼应安装承粪板，以承接肉兔排出的粪尿和落下的水、料及污毛，避免污染下层兔笼。承粪板后沿要超出下层笼后壁 5～8 厘米，以防污染下层笼具、肉兔和后网上的饮水器及输水管。石棉瓦承粪板耐腐蚀，造价低，但表面稍粗糙，重量稍大，易损坏；水泥板承粪板耐腐蚀，坚固，造价低，但重量太大；玻璃钢承粪板耐腐蚀，光滑，轻便，但造价高；塑料或橡胶类板承粪板耐腐蚀，表面光滑，轻便，但易老化，不耐火焰消毒；地板砖承粪板表面光滑，轻便，但易脆。

（二）兔笼类型

1. 按照制作材料划分

（1）金属兔笼　主要部件用金属材料制作而成，适于不同规模的种兔生产及商品兔生产。金属兔笼配以竹制笼底板和耐腐蚀的承粪板是最理想的笼具。优点：通风透光好，坚固耐啃，易于观察和管理，适于多种方法消毒。缺点：容易锈蚀，特别是承粪板，使用年限短；导热性强；易导致大型兔发生脚皮炎。

（2）水泥预制件兔笼　以钢筋水泥制成兔笼支架及兔笼主体的大部分，多配以竹制底板，金属笼门。在我国南北方均有采用。优点：坚固耐用，耐啃咬，耐腐蚀；适于各种方法消毒；造价较低，可以拆装。缺点：通风透光差；占地面积大，不能整体移动；吸附性强；导热性强，冬季保温性差。

（3）砖、石制兔笼　以砖、石、水泥或石灰砌成，是我国室外笼养肉兔普遍采用的一种，农村大规模室内养兔也有采用，一般2~3层，笼舍合一。优点：较经济，坚固耐用；防兽害；保温隔热性能较好。缺点：通风较差；不易彻底消毒；占地面积大，管理不方便；室外砖砌笼舍，夏季防暑和冬季保温仍有较大难度。若将笼顶加厚加宽，后壁设活动窗，可提高使用效果。

（4）木制兔笼　以木材为主要原料制作而成。优点：轻便，移动性强，取材方便，隔热性好，易维修。缺点：不耐啃咬，难以彻底消毒，不适于长期使用。

（5）竹制兔笼　以不同粗细的圆竹和竹板制作而成，我国南方产竹地区家庭养兔较普遍。优点：轻便，取材方便，隔热，较耐啃咬。缺点：难以彻底消毒，时间久后易松动变形。

（6）塑料兔笼　以塑料为原料，先以模具制成单片，然后组装成型。也可一次压模成型。优点：轻便，易拆装，规格一致，适于大规模生产，便于运输，容易清洗和液体消毒，导热性小，脚皮炎发生率较低。缺点：塑料易老化，成本高，不耐啃咬。

2. 按兔笼组装排列方式划分

（1）平列式兔笼（图4-7）　兔笼全部排列在一个平面上，门多开在笼顶，可悬吊于屋顶，也可用支架支撑，粪尿直接流入笼下的粪沟内，不需设承粪板。兔笼平列排列，饲养密度小，兔舍的利用率低。但管理方便，环境卫生好，透光性好，有害气体浓度低，适于饲养繁殖母兔。

（2）重叠式兔笼（图4-8）　兔笼组装排列时，上下层笼体完全重叠，层间设承粪板，一般2~3层。兔舍的利用率高，单位面积饲养密度大。但重叠层数不宜过多，以2~3层为宜。舍内的通风透光性差，上、下层兔笼的温度和光照不均匀。若适当减少层数，增加过道宽度，提高底层离地高度。

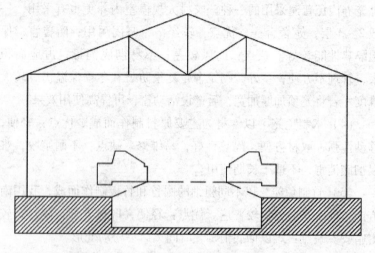

图4-7　平列式兔笼示意图

（3）全阶梯式兔笼（图4-9）　兔笼组装排列时，上、下层笼体完全错开，粪便直接落入设在笼下的粪尿沟内，不设承粪板。饲养密度较平列式高，通风透光好，观察方便。由于层间完全错开，层间纵向距离大，上层笼管理不方便。同时，清粪也较困难。因此，全阶梯式兔笼最适于二层排列和机械化操作。

（4）半阶梯式兔笼（图4-10）　上、下层兔笼部分重叠，重叠处设承粪板。因为缩短了层间兔笼的纵向距离，所以上层笼易于观察和管理。半阶梯式兔笼较全阶梯式饲养密度大，兔舍的利用率高。它是介于全阶梯和重叠式兔笼中间的一种形式，既可

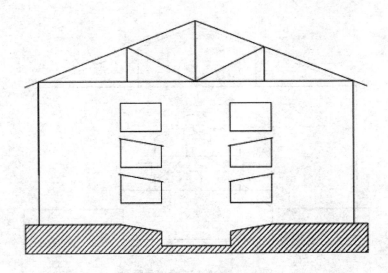

图4-8 重叠式兔笼示意图

手工操作，也适于机械化管理。因此，在我国有一定的实用价值。

（三）兔笼大小

兔笼的大小，应根据兔场性质、肉兔品种、性别和环境条件，本着符合肉兔的生物学特性、便于管理、成本较低的原则设计。兔笼过大，虽然有利于肉兔的运动，但成本高，笼舍利用率低，管理也不方便。兔笼过小，密度过大，不利于肉兔的活动，还会导致某些疾病的发生。一般而言，种兔笼适当大些，育肥笼宜小些；大型兔应大些，中小型兔应小些；炎热地区宜大，寒地带宜小。若以兔体长为标准，一般笼长为兔体长的1.5～1.8倍，笼宽为兔体长的1.2～1.5倍，笼高为兔体长的1～1.2倍。育肥兔笼按每平方米18只，每笼6～8只为佳（表4-1）。

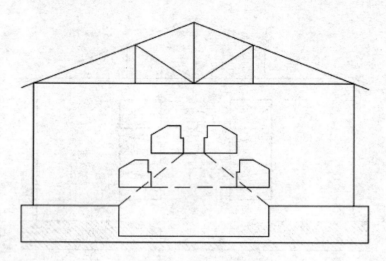

图 4 - 9　全阶梯式兔笼示意图

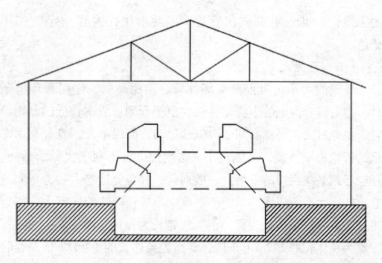

图 4 - 10　半阶梯式兔笼示意图

表 4 - 1　兔笼尺寸（推荐）（单位：厘米）

	中型兔用	大型兔用
第一层底板和地面距离	30	30
笼门高	40 ~ 45	45 ~ 50
后墙高	30 ~ 35	35 ~ 40
径深	50 ~ 60	60
笼宽	60	70
沉粪板规格	67 × 60	78 × 70
底板和沉粪板距离（前/后）	10/20	10/20

二、附属设备

（一）食槽

食槽是用于盛放饲料，供兔采食的必备工具。对食槽的要求是：坚固耐啃咬，易清洗消毒，方便采食，防止扒料和减少污染等。兔场食槽的选择应根据饲喂方式、肉兔的类型及生理阶段而定。主要分为简易食槽、卡式食槽、自动料槽系统 3 种。

（1）简易食槽　此类食槽由养殖场自行制作。根据每笼（群）饲喂肉兔的多少可选用木板钉成宽 10 厘米、高 8 ~ 10 厘米的盒状、条状食槽放入兔笼或运动场中使用；也可用直径 10 ~ 15 厘米的竹筒劈半，两端用木板钉上，并以此代脚，放在兔笼或运动场上，大小可根据具体情况而定；对种兔也可用 10 ~ 15 厘米的竹筒（带竹节）锯成高 8 ~ 10 厘米使用。此外，根据情况也可选用陶碗、水泥预制食槽等。该类食槽投资小，制作简单。但容易扒食，饲料易被污染，食槽容易被啃坏。因此，一般用于中小型兔场，投料方式为人工定时喂料。

（2）卡式食槽　以镀锌铁皮或塑料制作而成，分笼内和笼外两部分，食槽卡在笼门上，笼门留有食槽能伸进兔笼的缝隙，兔在笼内采食，食料从笼外投入。此类食槽宽度根据笼内兔群数量卡式食槽分为种兔、仔兔和育肥兔专用等几类。此类食槽饲喂方便，可防扒食，减少浪费，防止粪尿污染饲料，但制作较复杂，一般由专门的厂家生产。此类食槽是我国应用最广泛的一种。

（3）自动料槽系统　又称自动饲喂器，用于大规模兔场及工厂化、机械化兔场，金属兔笼，是料线的配套设施。料槽系统由加料口、贮料仓、采食槽等几个部分组成，贮料仓和采食槽之间有隔板隔开，仅底部留 2 厘米左右的间隙，使饲料随着兔不断采食，从贮料仓内缓缓补充到采食槽内。根据实际情况有 1 个兔笼一套料槽系统，此类食槽悬挂于笼门上，笼外加料，笼内采食；2 个兔笼共一个料槽系统，2 个兔笼呈"背靠背"分布，采食槽由两部分组成，每个兔笼占 1/2；4 个兔笼共一个料槽系统，4 个兔笼呈"田"字分布，系统处于 4 个兔笼交界的地方，采食槽由 4 部分组成，每个兔笼占 1/4。食槽以镀锌板制作或塑料模压成型，为防止粉尘吸入兔呼吸道而引起咳嗽和鼻炎，槽底部常均匀地钻上小圆孔，保证颗粒粉尘及时漏掉。此类食槽的优点是使用方便，节约劳动力，具有防扒食功能。

（二）草架

草架是投喂青绿饲料的用具。使用草架可保持饲草新鲜清洁，减少脚踏和粪尿污染所造成的浪费，预防疾病。草架多设在笼门上，以铁丝、木条、废铁皮条制成，呈"V"形，兔通过采食间隙采食。单层式兔笼，草架不单独安装，添加青绿饲料时，直接放在兔笼顶部即可。

（三）饮水器

目前兔场使用的饮水器主要为兔专用乳头式或鸭嘴式自动饮水器。此类饮水器利于防疫，减少水质污染，供给兔子清洁的饮水，而且省工，但投资大，对水质要求高。

使用和安装自动饮水器应注意以下问题。

①自动饮水器一般和兔场的水线系统配套建设，整个水线包括蓄水池、每栋兔舍的蓄水桶、加药装置等

②安装高度要适宜。应使兔自然状态下稍抬头即可触及到。安装过高肉兔饮水不便，过低一是兔身体触碰而发生滴水现象，二是兔夏季为了降温不停的用身体擦饮水器，使得兔皮擦伤出现外伤。一般幼兔笼乳头高度 8～10 厘米，成兔笼 15～18 厘米。

③安装部位要恰当。如果安装在笼门上，一方面由于饮水管和饮水器漏水，使整个人行过道湿滑，引起舍内潮湿；另一方面由于开关笼门使得饮水管经常脱落，导致漏水现象。建议兔场将饮水器安装在笼后壁较恰当。

④一定的倾斜角度。乳头应向下倾斜 10 度左右。因为水平和上仰都会使水滴不能顺阀杆流入兔嘴里。

⑤使用前要清洗水箱、供水管、乳头饮水器，以防杂质堵塞乳头活塞造成滴漏不止。

⑥输水管应选用深色的塑料管，透明管易滋生苔藓，造成水质不良和堵塞饮水器。每栋兔舍应在水位最低的地方设置一个水阀，方便清洗时排水。

（四）产仔箱

产仔箱是人工模拟洞穴环境供兔产仔、育仔的重要设施。产箱的质量如材料、大小、形状、箱内垫料及安放位置等，将直接影响仔兔的生长发育及成活率。

1. 制作产箱应注意的问题

①选材应坚固，导热性小，较耐啃咬，不吸水，易清洗消毒，容易维修。

②产箱要有一定高度，既要控制仔兔在自然出巢前不致爬落箱外，哺乳后不被母兔带到箱外，又便于母兔跳入和跳出。一般入口处高度要低些，以 10～12 厘米为宜。

③产箱应尽量模拟洞穴环境，给兔创造一个光线暗淡、安静、防风寒、保温暖、防打扰和一定透气性的环境。因此，产箱多建成封闭状态，上设活动盖，只留母兔出入孔。

④产箱大小要适中，产箱过大占据面积大，减少母兔活动空间，仔兔不便集中，容易到处乱爬。太小了哺乳不方便，仔兔堆积，影响发育。一般箱长相当于母兔体长的 70%～80%，箱宽相当于胸宽的 2 倍。

⑤产箱表面要平滑，无钉头和毛刺。入口处做成圆形或半圆形，以便母兔出入。入口处最好与仔兔聚集处分开，以防母兔突然进入时踩伤仔兔。

⑥箱内要铺保温性好的柔软垫草，无异味。巢箱要整理成四周高中间低的形状，以便仔兔集中和母兔舒适。

2. 产箱类型

按安放状态不同产箱分平放式和悬挂式 2 种。

（1）平放式产箱

①木制产箱。产箱一侧壁上部有月牙状缺口或无缺口，用木板或层板钉制而成。一般长 50 厘米、宽 30 厘米、高 20 厘米，在中小型兔场应用较普遍。

②塑料产箱。一般在水果市场购买尺寸合适的塑料水果篮，尺寸以能放进兔笼、母兔能正常进出为准。

③电热产箱。在普通产箱的箱底放一块大小适中的电热板，供生后几日内仔兔取暖。在寒冷季节可提高仔兔成活率。

（2）悬挂式产箱

①笼壁挂式产箱。产箱悬挂于兔笼的前壁笼门上或侧面，留一圆形、半圆形或方形的母兔出入孔。此种产箱模拟洞穴环境，适于母兔的习性，效果很好。同时，悬挂式产箱不占笼内面积，管理也很方便。产箱上方设可启闭的盖，供观察检查仔兔。

②笼底悬式产箱。此类兔笼底板为活动的 2 块组成（各占1/2）。产仔前，将母兔笼底板的一半取下，放上悬挂式产箱，到20 日龄左右，将产箱取出，更换成活动笼底板。此种产箱优点是仔兔爬不出巢外，很少发生吊乳，缺点是对兔笼底网需特殊设计和生产。

悬挂式产箱的使用，可防鼠、猫、狗等对仔兔的伤害，还可减轻接产、哺乳、保温管理环节的劳动力。但是，使用此类产箱要注意检查仔兔情况，做好产箱内的清洁卫生。

第四节　肉兔场环境调控

一、环境对肉兔生产的影响

（一）肉兔对环境影响的反应

肉兔对环境影响的反应十分敏锐，只有高度育成的品种兔才比地方品种兔迟钝。所以在建场、建舍或制作笼具时应考虑这一特点，千方百计减少环境应激的影响。

（二）不良环境对肉兔的危害

环境因素的不良刺激可直接影响肉兔的生产力，环境的变化不同程度地改变着肉兔的生理状态、新陈代谢、激素分泌、饲料消耗、生长发育、性成熟、生活能力、活动方式、繁殖哺乳和泌乳状况等；环境变化越大，时间越长，这种影响越大。在肉兔生产中，彻底消除应激因素的影响是不可能的，但可以减少和控制环境的不良影响。

（三）模拟和创造可提高肉兔的生产力

模拟就是模仿，如制作肉兔产仔箱，就是模拟肉兔野生时的洞穴环境。创造是以肉兔的习性、行为、生理等为依据，人为地加以改进和创新，使环境更有利于生产潜力的发挥。养兔不进行科学地模拟和创造，可能会使肉兔死亡惨重。

高水平的工厂化养兔，给肉兔创造了四季如春的稳定的兔舍环境，这种基本恒温、恒湿、通风良好的条件使肉兔由年产 4～6 窝提高到 8～10 窝，明显地提高肉兔的生产效益。

二、兔舍环境调控

（一）温度调控

不同日龄、不同生理阶段家兔对环境温度的要求各异，如初生仔兔为 30～32℃，1～4 周龄兔为 20～30℃，生长兔为 15～25℃，成年兔为 15～20℃。成年兔耐受低、高温的极限是 -5 和 30℃，若连续数天环境温度超过 30℃，种兔就会出现"夏季不育"现象，即公兔精液品质下降，母兔难孕，胚胎早期死亡增加。持续高温还可引起家兔中暑甚至死亡。

环境温度过高或过低，会通过机体物理和化学方法调节体温，消耗大量营养物质，从而降低生产性能，生长兔表现为生长速度下降、饲料转化率下降。

修建兔舍前，应根据当地气候特点，选择开放、半开放或全封闭式室内笼养兔舍，同时注意兔舍保温隔热材料的选择。

保温方法：采取安装暖气、生火炉、塑料大棚覆盖等方法提高舍温。也可通过红外线炉、保温伞、散热板等方法提高局部温度。适当提高舍内饲养密度也可提高舍温。

降温方法主要有以下几种。

（1）舍顶喷水　无论何种兔舍，在中午太阳照射强烈时，往舍顶部喷水，通过水分的蒸发降低温度，效果良好。夏季在兔舍顶脊部通一根水管，水管的两侧均匀钻有很多小孔，使之往两面自动喷水，是很有效的降温方式。当天气特别炎热时，可配合舍内通风、地面喷水，以迅速缓解热应激。

（2）舍前栽种植物　在兔舍的前面和西面一定距离栽种高大的树木（如树冠较大的梧桐），或丝瓜、南瓜、葡萄、爬山虎等藤蔓植物，或栽种叶面大的香蕉、芭蕉，或栽种生长速度快的刺桐等，以遮挡阳光，减少兔舍的直接受热。

（3）墙面刷白　黑色吸光率最高，而白色反光率很强，可将兔舍的顶部及南面、西面墙面等受到阳光直射的地方刷成白色，以减少兔舍的受热度，增强光反射。

（4）拉遮阳网　在兔舍顶部、窗户的外面拉遮阳网，实践证明是有效的降温方法。其折光率可达70%，而且使用寿命达4~5年。

（5）搭建凉棚　对于室外架式兔舍，为了降低成本，可利用柴草、树枝、草帘等搭建凉棚，起到遮光造阴降温作用，是一种简便易行的降温措施。

（6）通风　兔舍的窗户是通风降温的重要工具，在建筑兔舍时，可在大窗户的下面，接近地面的地方设置下部通风窗，让兔舍空气能垂直对流。这对于底部兔笼的通风和整个兔舍湿度的降低产生积极效果。当外界气温在33℃以上时，应采取机械通风，小型兔场可安装吊扇，达到缓解热应激的程度。大型兔场可采取纵向通风，有条件的兔场，采取增加湿帘和强制通风相结合，效果更好。

此外，大、中型肉兔养殖场可选择封闭式兔舍，舍内安装温度、湿度和风速自动调控设施，如空调、抽风设备和空气过滤装置等。

（二）气流速度控制

特别应注意防止冬季低温高速度的气流（贼风），因为这种气流容易造成肉兔感冒、肺炎、肌肉炎和关节炎等疾病。

一般要求兔舍内的气流速度不得超过0.5米/秒，夏季以0.4米/秒、冬季以不超过0.2米/秒较适宜。兔舍内在任何季节都要有一定的气流速度。通常可以通过观察蜡烛火焰的倾斜情况来确定气流速度，倾斜30°时，气流速度约0.1～0.3米/秒；倾斜60度时，气流速度0.3～0.8米/秒；倾斜90度时，气流速度超过1米/秒。

（三）有害气体调控

舍内温度越高，饲养密度越大，有害气体浓度越高。肉兔对空气质量比对湿度更为敏感，如氨浓度超过20～30毫升/米^{3}时，常常诱发各种呼吸道病、眼病等，尤其可引起巴氏杆菌病蔓延，使种兔失去利用价值，严重降低效益。兔舍有害气体允许浓度标准：氨＜30毫升/米^3；二氧化碳＜3 500毫升/米^3；硫化氢＜10毫升/米^3。

舍内有害气体浓度的高低，受饲养密度、湿度、饲养管理制度等的影响。舍内密度小，温度低，增加清粪次数，减少舍内水管、饮水器的泄漏，均可有效降低舍内有害气体浓度。

调控舍内有害气体的关键措施是减少有害气体的生成量和加强通风。通风有自然通风和动力通风两种，自然通风是利用门、窗（天窗）让空气自然流动，将舍内有害气体排到舍外，适宜于跨度小、密度和饲养量小的兔舍。动力通风则是利用动力，通过正、负压方式将舍内污浊空气排到舍外，适于跨度大、饲养密度大的兔舍。要注意进出风口位置、大小，防止形成"穿堂风"。进出风口要安装网罩，防止兽、蚊蝇等进入。

（四）湿度的调控

兔舍内相对湿度以60% ~65%为宜，一般不应低于55%或高于70%。湿度往往伴随着温度高低而对兔体产生影响，如高温高湿会影响家兔散热，易引起中暑；低温高湿又会增加散热，使家兔产生冷感，特别对仔、幼兔影响更大。温度适宜而潮湿，有利于细菌、寄生虫活动，可引起疥癣、球虫病、湿疹等；空气过干燥，可引起呼吸道黏膜干燥，细菌、病毒感染致病。

将多余湿气排出舍外的有效途径是加强通风。降低舍内饲养密度，增加粪尿清除次数，排粪沟撒落一些吸附剂如石灰、草木灰等，均可降低舍内湿度。冬季舍内供暖可缓解高湿度的不良影响。

（五）光照的控制

研究表明，兔舍内每天光照14~16小时，光照每平方米3~4瓦，有利于繁殖母兔正常发情、妊娠和分娩。公兔喜欢较短的光照时间，一般12~14小时，每平方米2瓦，持续光照超过16小时，将引起公兔睾丸重量减轻和精子数减少，影响配种能力。肥育兔以每天8小时为宜。

兔舍光照控制包括光照时间长短和光照强度 2 项内容。生产中补充光照多采用白炽灯或日光灯，但以白炽灯供光为好。普通兔舍多依靠门窗供光，要求兔舍门窗的采光面积应占地面面积的15% 左右。阳光入射角不低予 25 ~ 30°。

（六）噪声的控制

家兔胆小怕惊，突然的噪声可引起妊娠母兔流产；正在哺乳的母兔拒绝喂奶，甚至残食仔兔；神经质的个体乱窜，受伤或撞伤，有时还可引起舍内整个兔子"炸群"等严重后果。

修建兔场时，场址一定要选在远离公路、工矿企业等的地方；饲养加工车间也应远离生产区；选择换气扇时，噪声不宜太大；日常饲养人员操作时，动作要轻、稳，避免引起刺耳或突然的响声；用汽（煤）油喷灯消毒时，尽量避开在母兔怀孕后期集中的时间进行。

第五章

肉兔的繁殖

　　繁殖是肉兔生产的重要环节，是肉兔扩群的基础，其目的在于不断扩大肉兔的数量和增加其品质，以满足生产发展的需要。要做好肉兔的繁殖育种工作，就必须全面掌握肉兔的繁殖生理和繁育技术。

第一节　肉兔的生殖器官

一、公兔的生殖器官

　　公兔的生殖器官包括睾丸、附睾、输精管、副性腺和阴茎。

（一）睾丸

　　睾丸是精子产生和雄性激素分泌的器官，公兔有 2 个睾丸，左右各一，呈卵圆形。

　　睾丸形成于胎儿时期，2 月龄以前的公兔睾丸在腹腔内，2.5 月龄开始出现阴囊，3 月龄以后睾丸沿腹股沟管进入阴囊，公兔的腹股沟管宽而短，终身不闭合，所以，睾丸可以自由在腹腔和阴囊往返停留。到性成熟时，两侧睾丸还未降落到阴囊，称为隐睾，具有隐睾的公兔一般没有繁殖能力；如一侧睾丸降落阴囊，另一侧睾丸仍在腹中，称为单睾，单睾肉兔虽有繁殖能力，但繁殖力较低，且具有遗传性。

睾丸产生精子的能力与睾丸的重量和年龄有关，睾丸越重产生精子能力越强，2 岁左右的肉兔产生精子能力强，3 岁以后显著降低。

（二）附睾

附睾是精子储存、发育、成熟和排出的器官，由附睾头、附睾体和附睾尾 3 部分组成。附睾是睾丸通往输精管的一条弯曲的管道系统，位于睾丸一侧。精子通过附睾的时间一般需要 4 ~ 7 天，并能在附睾中存活 30 ~40 天，最长可达 60 天。

（三）输精管

输精管是附睾尾部的一根细长的管子，是附睾的延伸部分，末端与尿道相连；公兔交配时，输精管的平滑肌收缩，附睾内的精子通过输精管进入母兔生殖道。

（四）副性腺

副性腺共有 4 对，包括精囊腺、尿道球腺、前列腺、前列旁腺，它们各有开口通入尿生殖道。副性腺主要作用是参与精液的形成，其分泌的碱性液体是构成精液的主要成分，主要作用：稀释精液，为精子提供营养，有利于精子的运行；冲洗尿生殖道的残留尿液，改善精子的通过环境；在交配时形成阴道栓，阻止精液倒流。

（五）阴茎

阴茎是公兔交配和排尿的器官，主要由海绵体组成。平时在包皮内，约 25 毫米长，勃起时可达 40 ~50 毫米；肉兔阴茎包括阴茎根、阴茎体、和阴茎游离端 3 部分组成，圆柱状，阴茎前端游离部稍弯曲，没有明显的龟头。

（六）阴囊

阴囊位于腹部后方、肛门两侧各一个，每一阴囊容纳一个睾丸和附睾以及输卵管的起始部。其主要功能是保护睾丸和附睾，调节睾丸温度，以确保睾丸能产生正常的精子。

二、母兔的生殖器官

母兔的生殖器官包括卵巢、输卵管、子宫、阴道和阴门。

（一）卵巢

母兔有一对卵巢，左、右各一个，长 1.0～1.7 厘米、宽 0.3～0.7 厘米、重 0.3～0.5 克。成年兔的卵巢呈卵圆形，色淡红，位于肾脏后方的第 5 腰椎横突附近的体壁上。卵巢能产生卵子和卵泡素。卵泡素是卵泡成熟时分泌的一种雌性激素，能使母兔生殖器官发生黏膜充血、分泌物增加、接受公兔交配。

卵巢的活动具有一定的周期性，一般一个发情周期为 8～15 天，每次发情持续 3～4 天，在发情过程中卵泡发育成熟排出卵子，每个情期每个卵巢排出 5～10 个卵子，排卵时间一般在交配后 10～12 小时。

卵子排出后，卵泡会产生一种物质叫做黄体，黄体能产生黄体素，可以抑制母兔发情，并具有保胎作用，母兔进入怀孕期；如果母兔没有怀孕，黄体会自然消失，进入第 2 轮发情期。

（二）输卵管

输卵管是卵子通过和受精的一条细长管道，位于子宫角和卵巢之间，左、右各一条，细长弯曲，9～15 厘米长。输卵管前半部较粗，呈喇叭形，称为输卵管壶腹部，是卵子受精的地方；其余部分较细，是输卵管峡部。卵子成熟时由喇叭状的壶腹部进入输卵管，并在输卵管 1/3 处与精子会合而受精，由于输卵管的蠕动和管壁上纤毛运动，将受精卵送到子宫。

(三) 子宫

子宫是胚胎和胎儿生殖发育的器官。兔的子宫属双子宫类型，左右各一个，没有子宫角与子宫体之分，两个子宫颈都独立开口于阴道。卵子受精后，胚胎依次植附于子宫角内，受精卵不能在两子宫间移动。子宫黏膜有丰富的血管和腺体，便于胎儿吸收营养；子宫有发达的平滑肌，可以随着胎儿的长大而伸展；子宫颈有发达的括约肌，母兔不发情时，宫颈口紧缩关闭，发情和分娩时宫颈口松弛开启。

(四) 阴道

阴道是母兔的交配器官和产道，位于子宫颈后面直至阴门。从宫颈到尿道瓣之间叫固有阴道，从尿道瓣至阴门叫阴道前庭。尿道开口于阴道前庭腹壁上，阴道前庭是尿液排出的通道，人工输精时要注意不要将输精管插入尿道。

(五) 外生殖器

外生殖器又称外阴，包括阴门、阴唇和阴蒂3部分。阴门开口于肛门腹侧，阴门两侧突起处为阴唇，左、右阴唇联合处有一小突起是阴蒂，阴蒂有丰富的感觉末梢神经。母兔在不同的发情时期，外阴黏膜颜色会发生有规律的变化，生产中可根据母兔外阴的颜色变化来确定具体的配种时间。

第二节　肉兔生殖生理

一、性成熟

肉兔生长达到一定年龄，性器官发育成熟，能够产生成熟的生长细胞即精子和卵子、分泌相应的性激素，表现出发情特征和性行为时，称之为性成熟。肉兔的性成熟与品种、营养、性别和季节气候有关，一般说来，小型兔 3~4 月龄、中型兔 4~5 月龄、大型兔 5~6 月龄达到性成熟，公兔比母兔晚 1 个月左右。

肉兔性成熟后，虽然已能配种繁殖，但因身体的各个器官还处于生长发育期，还未发育成熟，体重一般只有成年肉兔的 40%~60%，即未达到体成熟。所谓体成熟就是指肉兔的各个器官生长发育基本完成，获得了成年家兔应具有的形态和结构。小型兔 5~6 月龄、中型兔 6~7 月龄、大型兔 7~8 月龄达到体成熟。刚达到性成熟的肉兔不宜配种，过早配种不仅影响肉兔自身的生长发育，还会影响后代的生产性能，造成种兔的早衰，影响使用年限。

二、初配期

由于肉兔的生长发育受品种、营养水平、气候等多种因素的影响，初次配种时间多以体重作为主要标准，一般情况，肉兔的体重达到该品种成年兔体重的 70% 以上即可配种，公兔 7~8 月龄，体重 3.5~4 千克，母兔 5~6 月龄，体重 3~3.5 千克。不同品种肉兔初配时间见表 5-1。

表 5-1 不同品种肉兔性成熟、初配时间及初配体重

类型	性成熟（月龄）	初配时间（月龄）	初配体重（千克）
小型兔	3.0~3.5	4.5~5.0	2.0 以上
中型兔	3.5~4.5	6.0~6.5	3.0 以上
大型兔	4.0~4.5	7.0~7.5	3.5 以上

三、发情与发情周期

母兔性成熟后，卵巢内的卵泡逐渐发育成熟，由卵泡内膜产生的雌激素导致母兔出现周期性的性活动表现，称为发情。

（一）母兔的发情表现

母兔发情会出现交配欲、精神状态、生殖器官3方面的生理变化。

（1）发情行为　母兔食欲减退或短期内停食；活泼好动，频频排尿，四处蹦跳；有时用前肢扒箱、后肢"顿足"；有时还有衔草坐窝的现象；当公兔追逐爬跨时，站立不动、积极配合。

（2）外阴变化　发情初期：黏膜潮（粉）红、肿胀、湿润；发情中期：黏膜呈大红色，肿胀、更加湿润；发情后期：黏膜呈紫黑色、外阴逐渐萎缩、湿润逐渐消失；发情结束：外阴黏膜苍白、干燥，外阴萎缩不再肿胀。

（3）精神状态　发情母兔主要表现为兴奋不安。

（二）母兔发情的特异性

母兔发情是一种复杂的生理现象，常表现出不规律性和特异性。

（1）发情周期不固定　母兔的发情周期，长期以来，备受争论。一种观点认为母兔发情没有周期性，因为母体卵巢上经常有数量不等的成熟卵细胞，任何时候配种均可受精怀孕；另一种观点则认为，母兔发情具有一定的周期性，只是规律性较差。母兔发情容易受到环境因素（气温、天气）、饲养管理（营养、光照）、人为因素（捕捉、按摩、注射疫苗）和公兔效应（气味、爬跨）等因素的影响。在阳光明媚、气候温暖的春季，母兔发情周期短，发情时间长；而在日照时间短、气温寒冷的冬季，母兔长期不发情。营养不良的母兔也会长时间不发情，饲料中补充维生素 E、胡萝卜和相关营养物质可促进母兔发情，按摩也可促进母兔发情，而惊吓、捕捉、注射药物等行为可抑制母兔发情。

（2）不完全发情　母兔发情时有交配欲、精神状态、生殖器官 3 方面的生理变化，如果母兔发情时缺乏某方面的生理变化，称之为不完全发情。有的母兔外阴具有典型的发情特征，但没有交配欲望，不愿接受公兔的交配，这种情况在实际生产中发生概率较大；有的母兔发情时食欲正常；有的母兔发情时外阴黏膜不红肿。一般情况，不完全发情易发生在公、母兔分笼饲养的情况，育成品种高于地方品种，中大型兔高于小型兔，冬季多于春季。

（3）无季节性发情　肉兔经过长期的人工驯养，人们为肉兔提供了相对稳定的养殖环境和科学的饲养技术，肉兔一年四季均可发情、配种、繁殖后代。特别是现代规模化、工厂化饲养，为肉兔提供了适宜的生存环境，肉兔繁殖没有季节的影响。但是在粗放的条件下，由于季节的温度、湿度和光照等因素的影响，春季的发情率高于其他季节。

（4）产后发情　母兔产后第 2 天便可普遍发情，早于其他家畜，而且配种后受胎率高。随着母兔泌乳量的逐渐增加，母兔体重将会下降，发情也不明显，受胎率显著下降。产后发情配种的受胎率与肉兔的品种、营养状况、配种时间等有关，产后 12～24 小时配种受胎率较高，小型兔、营养良好的肉兔受胎率高，反之，中大型肉兔和营养不良的肉兔受胎率低。在生产实践中可充分利用产后发情这一特征，在营养成分保证的前提下让母兔及时配种繁殖，以提高母兔的年产仔量和利用率。

（5）断奶发情。母兔在泌乳期间会出现不完全发情，但配种

适度规模肉兔场高效生产技术

受胎率低。在仔兔断奶 3 天左右，母兔普遍出现发情特征，配种后受胎率高，因此，在生产中，可提前给仔兔断奶，尽快进入下一个繁殖周期，提高母兔的繁殖率。

（三）发情周期

母兔的发情周期一般为 7~15 天，持续时间 3~4 天。在生产中要认真观察母兔的发情表现，根据母兔外阴的颜色变化，粉红早、紫黑晚、大红正合适；适时配种可提高母兔受胎率。

四、利用年限与年产胎数

种公兔与种母兔的使用年限应根据其繁殖能力、体质和后代生产性能而定。1~3 岁的种兔生殖力最强，此后随着年龄的增长繁殖能力逐渐下降，因此，种公兔和种母兔的使用年限一般为 3 年。个别体质健壮，生殖力强的种兔，可以适当延长使用半年。对已经出现衰老、繁殖力下降、后代生产性能表现不良的种兔应及时提前淘汰。在采取密集繁育的肉兔场，种兔的利用年限一般不超过 2 年。

肉兔的妊娠期只有 1 个月，且产后便可立即发情配种，繁殖能力极强，每年可产 6~8 胎。母兔年产胎数受兔场的饲养管理水平、环境条件、营养水平、保健措施以及母兔年龄等因素影响，各养殖场应根据各自的技术水平和条件确定年产胎数。但不要一味追求年产胎数，而应关注年育成仔兔数。特别是饲养管理水平和营养水平达不到要求的情况下，高密度繁殖往往会导致仔兔的死亡率上升、疾病控制困难、种兔繁殖性能急剧下降等，结果育成仔兔数反而减少，经济效益还更低。目前，多数肉兔场年产胎数控制在 6 胎内。

五、配种与排卵

母兔发情后，公兔开始追逐母兔并爬跨，不愿接受配种的母兔会奔跑逃避或趴在地上，兔尾遮住阴部拒绝交配；愿意接受配种的母兔，大多数会向前行走几步，然后接受爬跨，并抬高尾部，迎合公兔阴茎插入。公兔阴茎插入阴道后会立即射精，并发出"咕咕"叫声，随后倒向一侧或向后翻到，表明公、母兔已交配成功。公兔每次的射精量约 0.8 毫升，每毫升精液精子数量可达 1 亿~2 亿个。公兔配种后，休息 20 分钟左右还会出现爬跨交配的欲望。

肉兔属典型的刺激性排卵家畜，在母兔的卵巢内，随时都有许多处于不同发育阶段的卵泡，但它们不会自行排出，在受到公兔爬跨刺激或其他诱导刺激（如注射促性腺释放激素、人用绒毛膜促性腺激素、黄体生成素等性激素，按摩，针灸）后，便可排卵。母兔一般在配种后 10~12 小时排卵，母兔排卵时两则卵巢可排出 5~20 个卵子，平均 10 个左右，排出卵子的受精能力可保持 6~8 小时，但从卵巢中排出后 2 小时左右的卵子受精能力最强，6 小时后卵子逐渐衰老，并逐渐失去受精能力。

六、受精与妊娠

交配后，精液被射在子宫颈口，精子很快进入子宫颈，精子以每分钟 2 毫米的速度向受精部位前进，一般在交配后 2~4 小时到达输卵管的上 1/3 处的壶腹部，但活力最强的精子 15~30 分钟后便可到达。精子的受精能力可保持 30~36 小时，但刚排出的精子还不具备受精能力，需要在经过母兔生殖道的过程中获得与卵子结合的能力，即精子的获能过程。精子获能后，发生顶体反应，顶体为一双层薄膜囊，从顶替种释放出中性蛋白酶、顶体酶、透明质酸酶和穿冠酶等水解酶，这些酶将卵子外围消融，为精子进入卵子清除屏障，这个过程约需要6小时。

卵子排出后，在输卵管壶腹部被众多精子包围，活力最强的精子穿透卵膜，与卵子结合，形成合子，完成受精过程。合子形成后，随即进行分裂，在输卵管中逐渐向子宫移动，并在输卵管中形成桑椹胚。交配72小时以后，胚胎到达子宫。到达子宫后的胚胎呈游离状，主要依靠子宫内的分泌物获得营养，大约在受精后的第7天，胚胎才完全附植于子宫壁上，即着床，着床后的胚胎依靠胎盘吸收母体的营养和氧气，并把产生的废物排出去。从受精卵开始发育到分娩所经历的一系列生理过程称为妊娠。

家兔的妊娠期一般为30～31天，波动范围为29～34天，提前分娩的仔兔死亡率高，延期分娩的仔兔一般能正常存活和生长，但易产死胎。母兔的妊娠期与母兔的年龄、品种、胎儿数量和营养水平等因素有关，一般情况老龄兔较青年兔妊娠期长、大型兔妊娠期较小型兔长、营养水平高的较营养水平低的长、怀胎数量少的较数量多的长。配种初期母兔营养水平过高、环境刺激、驱赶和捕捉将导致胚胎的死亡率上升。

七、分娩与泌乳

妊娠期满时，母兔的垂体千叶会分泌催产素和促乳素，以促进母兔分娩和泌乳。孕兔在产前1～3天开始出现分娩征兆，如衔草做窝。产前6～24小时母兔开始将胸部和腹部的毛拉下来铺在窝内，拉毛是临产的表现。但也有部分初产母兔不会表现分娩现象。拉毛是一种特殊的母性行为，主要作用有：一是可以刺激乳腺发育和乳汁分泌；二是有利于初生仔兔寻找乳头；三是为初生仔兔准备温暖的窝。母兔分娩多在环境安静的夜间和凌晨进行，分娩时，母兔呈蹲坐姿势，背弯曲，嘴抵阴部努责。当仔兔产出后，母兔迅速舔干仔兔身上的黏液和血液，扯断脐带，吃掉胎衣和胎盘。每只仔兔分娩间隔 1 ~ 3 分钟，多为头先出；一般情况，整个分娩过程需持续 15 ~ 30 分钟，但也有个别母兔产出部分仔兔后会间隔几小时再继续分娩。母兔分娩时，需消耗大量体力，容易感到口渴，分娩结束后应及时提供清洁饮水，以兔母兔由于口渴吃掉仔兔。

母兔在产后 1 小内进行首次哺乳，母性强的母兔可一边分娩一边哺乳。产后，母兔每天给仔兔哺乳 1 次，个别母兔饲喂 2 次。母兔的泌乳量也会逐渐增加，到仔兔 21 日龄达到泌乳最高峰，随后逐渐下降。母兔泌乳可达 2 个月，但 1 个月后母兔的泌乳量大幅下降，营养浓度也随之降低，远远不能满足仔兔的快速生长的需要。生产中一般 30 日龄左右断奶，延长断奶不仅不利于仔兔的生长，还会延长繁殖周期和增加养殖成本。

第三节　肉兔选配技术

选配就是有意识、有计划地决定公、母兔的配对，以培育和利用优良品种，获得变异和巩固遗传特性，以便逐步提高兔群品质。因为后代的优劣程度，不仅决定于其父母代的品质，而且还决定于父母代繁殖时的配对是否合适。因此，欲获得理想的后代，除必须做好选种工作外，还必须做好选配工作。选配方法一般有以下几种。

一、品质选配

品质选配是根据肉兔外貌特征、生长速度、繁殖性能等选择配种公母兔的一种方法。它又可以分为同型选配和异型选配2种。

（1）同型选配　就是人为安排肉兔外貌特征、生长速度、繁殖性能等表现都很优秀的公母兔配种，以期获得相似的优秀后代。例如，为了提高肉兔的生长速度，可选择生长速度快的公、母兔交配，使它们的后代保持这一优良特性。因此，这种选配方法适用于优秀公、母兔之间。

（2）异型选配　选择有不同优点的公、母兔繁殖，从而获得兼有双亲不同优点的后代。例如，本地饲养的肉兔适应性好、抗病力强，但繁殖和生长性能差，即可引进生长速度快、繁殖性能好的肉兔品种，用引进的公兔与本地母兔相配，使后代适应性、抗病力、繁殖和生长速度都优秀。这是一种用来改良本地肉兔品种行之有效的选配方法。

品质选配在有规范繁殖记录的兔场都可以有计划的进行，并且效果明显。

二、亲缘选配

根据交配双方亲缘关系的远近进行的交配。如交配的公母兔的亲缘关系很近，公、母兔到双方共同祖先的总代数不超过6代，或所生后代的近交系数大于0.78的则称为近亲交配，简称为近交；如交配双方亲缘关系很远，在7代及以外，因其祖先对后代的影响极其微弱，称为非亲缘选配，也叫远亲交配，简称远交。

（一）亲缘程度

亲缘程度主要是根据交配的公母兔之间的亲缘关系来确定的。亲缘程度的高低由近交系数来表示。近交系数（inbreeding coefficient）是指根据近亲交配的世代数，将基因的纯化程度用百分数来表示即为近交系数（表5-2），也指个体由于近交而造成异质基因减少时，同质基因或纯合子所占的百分比，一般用 F_x 表示。其计算公式如下：

$$F_x = \sum \left[\left(\frac{1}{2} \right)^{n+1} (1 + F_A) \right]$$

F_x 表示个体 x 的近交系数；n 表示从 x 代肉兔的父亲通过共同祖先到其母亲的代数；F_A 表示共同祖先的近交系数，如共同祖先不是近交个体，则 $F_A = 0$。

表5-2 几种近亲交配的近交系数

亲缘关系	近交系数（F_x）
亲子及全同胞	1/4
舅甥女及半同胞	1/8
堂兄妹及半叔侄	1/16
半堂兄妹及半堂祖孙	1/32
半堂叔侄及半堂曾祖孙	1/64
远堂兄妹	1/128

几种亲缘交配的近亲系数范围：嫡亲交配，$F_x = 0.25 \sim 0.125$；近亲交配，$F_x = 0.125 \sim 0.03125$；中亲交配，$F_x = 0.03125 \sim 0.0078$；远亲交配，$F_x = 0.0078 \sim 0.0020$。

（二）亲缘选配的作用

姻缘选配可以很快使基因纯合，从而固定优良性状，稳定品种遗传性。在肉兔生产中，往往用于新品系选育或固定某一优良形状。要有目的、有计划地运用亲缘选配，灵活地选用亲缘选配的形式如采用父－女、祖父－孙女、叔－侄女等近亲交配可使公兔的遗传性能很快地固定下来；采用母－子、祖母－孙子、姑－侄等近亲交配可使母兔的遗传性能固定下来；另外，还要考虑近亲交配的时间，原则上只要达到选育目标，就应立即停止。如亲子配运用得好可很快获得理想的效果，但不宜长时间应用；如采用半同胞近交，则基因纯合的机会要少一些，且可以连续应用几代。

（三）近交衰退

在进行有亲缘关系的亲本交配时，可使原本是杂交繁殖的生物增加纯合性，从而提高基因的稳定性，但往往伴同出现后代减少、后代弱小或后代不育的现象。造成近交衰退的主要原因：一是某些有害的隐性基因是隐形的，近交虽可使显性有益性状基因纯合，但也会使隐性有害性状基因纯合，从而表现出不良的性状，对个体的生长发育、生活和生育等产生明显的不利影响；另一种原因是多基因平衡的破坏，个体的发育受多个基因共同作用的影响，具有较强适应能力的个体的基因组合，具有平衡的多基因系统，近交繁殖打破了这个平衡，造成后代个体生长势、生活力、抗逆性减弱，产量下降。

防止近交衰退的主要措施有：第一，制定严格的育种计划，除固定某个优良性状或进行新品系选育采用亲缘选配外，其余选配严格控制使用亲缘选配。第二，及时淘汰生活力、繁殖力、生产力、抗逆性、适应性差的个体，将性状表现差的隐形基因剔出，选择体质强壮、生产性能好、繁殖力强的个体留作种用。第三，为后代个体提供充足的营养物质，保证其正常的生长繁育，提高个体的生活力和适应能力。第四，保持一定数量的种用兔群，尤其是亲缘关系较远的公兔数量，目的在于必要时可采用这些种公兔与母兔进行交配、实现血缘更新。一般情况，一个兔场每3年就会进行一次血缘更新。

肉兔的选配要综合考虑选育指标，如生长速度、繁殖力、抗病力等，特别是经济性状的选育。同时还应注意种兔的年龄，因为兔龄与后代的经济性状和繁殖性能有关，一般情况应选择1～2岁的健康强壮的公、母兔留作种用。配种的原则是：壮年兔配壮年兔或青年兔，壮年公兔可配老年母兔；不要用青年公兔配老年母兔、老年公兔配青年母兔、青年公兔配青年母兔或老年公兔配老年母兔。

三、年龄选配

年龄选配，就是根据公、母兔之间的年龄进行选配的一种方法。家兔的年龄明显地影响其繁殖性能。一般青年种兔的繁殖能力较差，随着年龄的增长繁殖性能逐渐提高，1～2岁繁殖性能逐渐达到高峰，2.5岁以后逐渐下降。在我国饲养管理条件下，种兔一般使用到3～4岁。因此，在养兔生产实践中，通常主张壮年公兔配壮年母兔，采用这种选配方式效果较好。

第四节 肉兔繁育方法

按照交配公、母兔的亲缘关系，一般可分为纯种繁育和杂交改良2种繁育方法，生产中根据肉兔的生产目的选择采用某种方法。

一、纯种繁育

纯种繁育就是用同一品种的公、母兔交配，通过选种选配、品系繁育、改善生产条件等措施，以保持本品种特征、提高种群经济性状的一种繁育方法，简称纯繁。纯种繁育的目的是为了保持和发展种群的优良特性，增加种群内优良个体的数量，保持种群纯度和提高整个种群质量。纯种繁育一般可分为近亲繁育、远亲繁育和品系繁育3种形式。

（一）近亲繁育

近亲繁育就是利用直系血缘关系在4代以内、旁系血缘关系在3代以内的同一品种的公、母兔进行交配的一种繁育方法。近亲繁殖多用于培育不同的品系，在商品生产中一般不采用。

（二）远亲繁育

远亲繁育就是用来交配的同一品种的公母兔直系血缘关系在5~7代、旁系血缘关系在4~5代的一种繁育方法，被称为远亲繁育。该繁育方法被广泛用于繁育大量的优良品种。例如：养殖场到一定时间就要从场外引进系谱相距较远的同一品种的种公兔，淘汰现有的使用年限超过3年的种兔，以便更换血缘，提高生产性能和经济性状，防止近亲衰退。

（三）品系繁育

品系繁育就是利用同一品种内的不同品系的公、母兔进行交配繁育。特点是：速度快、群体小、目标明确。品系繁育的方法目前常用的有以下几种。

（1）系祖建系　选1只具有优良性状的公兔做为祖先，然后选择没有亲缘关系、具有共同特点、性状优良的母兔与之交配，在后代中，进行严格的选种选配，它们的血缘关系尽可能保持与这个祖先接近，而繁殖出的大量后代的品系群。系祖建系一般不采用母兔系祖，因为公兔做系祖对后代的影响数量大，能获得更大数量的后代来进行性状测定。母兔做祖先称为族祖，繁育建立血缘尽可能与它接近的兔群，这个兔群被称为品族。

（2）近交建系　选择遗传基础丰富、品质优良的种兔通过高度近交，并进行选种选育培育建立近交系。特点是培育所需时间短、效果显著，但近交建系易使有害的基因纯合，表现出体质下降、抗逆性差等缺点。

（3）表型建系　根据外表特征和生产性能，筛选出性状优良的种兔组成基础群，然后在基础群内封闭繁育，经过几代的选育培育出的新品系。特点是方法简单易行，一般的肉兔专业户均可开展。

（4）专门化品系　就是生产性能"专门化"的品系，根据育种目标将全部选育性状分解为若干组，然后进行选择培育而成的品系。每个品系具有某方面的突出优点，不同的品系在完整繁育体系内承担着专门任务。

（5）配套系　以多个专门化品系为亲本，通过杂交组合试验，筛选出的杂交组合模式，按照此模式进行配套杂交培育出的品系。

（6）合成系　由2个或多个品系通过杂交选育而合成的一个新品系。

二、杂交改良

杂交改良就是利用不同品种或品系的公母兔进行交配，以提高其后代的群体品质和培育新品种或新品系的一种繁育方法。杂交改良可以繁育出生产性能、抗逆性和繁殖性能等性状都不同程度高于其父母平均值的后代，在现代养兔业中，主要有经济杂交、引入杂交、级进杂交和育成杂交。

（一）经济杂交

经济杂交就是利用 2 个或 3 个品种或品系的公母兔进行交配，生产出超过双亲生产性能的后代的一种繁育方式。主要作用是利用杂种优势，提高杂种后代的生产性能、繁殖能力和经济效益。经济杂交又称简单杂交。

肉兔的经济杂交的亲本可以都是引进品种，也可以采用一个引进品种、一个地方品种进行杂交。一般情况都是采用引进品种做父本，地方品种做母本，其杂交后代将兼具父本生产性能高、母本适应性强、繁殖力高的优势。另外，还要注意，不是所有的经济杂交都会产生杂种优势，杂种优势取决于这 2 个品种间特殊的配合力。因此，在进行经济杂交前应进行杂交组合试验，以选择杂种优势最强的杂交亲本。

（二）引入杂交

如果某个肉兔品种已具有较高的生产性能，但是还存在某些或个别缺点，且这些缺点采用本品种选育不能在短时间得到改进，即可导入外来品种进行杂交。在杂种一代中选出优良的公、母兔与原品种的公、母兔回交，再从第 2 代、第 3 代中选出优良个体进行横交固定。导入杂交又叫冲血杂交，但导入品种必须具有本品种所要求改进性状的优势，同时又不会导致本品种原有优势性状丧失。导入多少外品种血统，应根据育种的要求确定。

（三）级进杂交

当某一品种的生产性能较差需要改良时，可采用具有高产性能的公兔作为父本与该品种母兔杂交，其杂种后代的母兔与改良父本连续回交 3～4 代，到 3～5 代其杂种后代的生产性能基本上接近或超过高产的优良品种。这种级进杂交方式常称为改造杂交或改良杂交。

（四）育成杂交

当原品种不能满足需要时，则需要利用不同品种进行杂交，最终育成一个新品种。根据育成杂交使用品种的数量又分为 2 种杂交方法——简单育成杂交和复杂育成杂交。简单育成杂交是指在育种过程中选取 2 种不同的品种进行杂交培育新品种的繁育方法。复杂育成杂交是采用了 3 种及其以上的品种进行杂交培育新品种的一种繁育方法。

育种杂交的过程可分为 3 个阶段，即杂交创新、横交固定、扩群与育成。第 1 阶段主要是为了获得理想型个体，为第 2 阶段的近交做准备；横交固定的主要目的是为了固定理想型个体的优良特征，在获得理想个体时，进行近交；当后代出现生活力衰退时，马上改为同质选配。最后一个阶段则主要是扩大理想型个体数量和比重，使品种结构更为完善，遗传性能进一步固定。

第五节　繁殖技术

一、配种技术

（一）配种方式

肉兔一般采用自然交配、人工控制交配、人工授精 3 种配种方式。

（1）自然交配　将公母兔混养在一起任其自由交配，不受人工限制的一种交配方法。这是一种最原始的配种方法，其优点在于配种及时、节约人力、方法简单、不需要任何设备，可常年产子。缺点是无法控制配种年龄，容易发生早配现象，影响种兔的生长发育和利用年限；没有进行选种选配，可能出现长期的近亲交配，导致后代生产能力下降、品种衰退；多只公兔追逐母兔，增加了体力消耗，容易早衰，缩短使用年限；混养还容易传播疾病、时常发生同性争斗，因此，在生产中一般不采用此方法。

（2）人工控制交配　人工控制公母兔的交配，是目前肉兔生产中常用的一种方法，包括分群交配、圈栏交配和人工辅助交配。

①分群交配：就是在配种季节，选择1只或数只公兔放入一定数量的母兔群中，混合饲养，任其随意交配。该方法多用于群养的肉兔群，一般的生产场和不做后裔测定和进行品系繁育的种兔场、良种繁育场均可采用分群交配。

②圈栏交配：将公、母兔分栏饲养，配种时，选择特定的公兔放入圈栏进行交配。栏养兔场采用该方法进行配种，良种繁育场需进行后裔测定和开展品系繁育时也可采用本办法。

③人工辅助交配：在公母兔分群或分栏饲养的情况下，按照一定的比例配置好公兔，配种时，由配种员将发情的母兔捉送到公兔笼内进行配种，配种后立即将母兔送还到原来的笼内，这种需要人工辅助完成的交配方法被称为人工辅助交配。该方法多用于笼养兔和良种繁育场。

人工辅助交配的优点：能有计划、有目的地进行选种选配，避免近亲交配、提高后代生产性能；可以合理的安排种公兔的配种时间和配种次数，提高种公兔的利用年限；能有效的防止疾病的传播，提高兔场的养殖效益。其缺点是：母兔发情的适配期不易掌握，需要的劳动力多。该方法在肉兔生产被广泛采用。

（3）人工授精　用器械采集种公兔精液，经过稀释等特殊处理后保存，在配种时，用输精器将精液注射到发情母兔生殖道内的一种替代公、母兔本交的一种方法。人工授精适合于大型养兔场和肉兔养殖比较集中的地区。其优点在于：能够充分利用优良种公兔，大面积进行良种推广；减少种公兔的饲养量，一只公兔可满足80～100只母兔人工授精配种需要，可节约饲料和人工等养殖成本；可采用多次授精方式，提高情期受胎率；不需进行本交，减少了疾病的传播；产生大量后代，能及时进行种公兔种用价值的测定和评价，缩短选种周期，避免盲目进行选种选配。

（二）配种技术

配种是肉兔繁殖非常重要的环节，掌握肉兔的配种技术是肉兔生产的必要措施，能否按时配上种是提高肉兔年育成数和兔场经济效益的关键。

（1）种公兔与种母兔的比例　一般人工辅助交配的公母比例为1：（8～10），即8～10只母兔只需配备1只优良种公兔；采用人工授精技术饲养的种公兔数量更少，每只种公兔可以满足80～100只母兔的配种需要。

（2）适时配种　经常注意观察母兔外阴部，如果外阴部苍白、干燥，则表示母兔没有发情；如果母兔外阴部红肿、湿润，则母兔开始发情。根据母兔外阴的颜色判断母兔配种的适宜期，以母兔外阴部呈现老红色为宜，鲜红太早、紫红太晚，太早或过晚配种均会影响受胎的数量，从而影响繁殖性能。

（3）人工辅助交配技术　人工辅助交配是当前养兔生产中使用最广泛的一种配种方法。母兔发情时，检查母兔的外阴部，剪掉外生殖器周围的污毛，进行清洗消毒。根据兔场的选配计划确定与配种公兔。配种前，将兔笼的食槽、饮水器移出。注意地面是否平整和大的缝隙，如果不平可以放入一块与笼大小一致的防滑纤维板或木板。配种时，将母兔放入公兔笼中，母兔外生殖器流出的分泌物引诱刺激公兔性兴奋，公兔接近母兔，用鼻闻气味，然后追逐母兔、爬跨。多数母兔会前行几步，然后支起后肢、举尾迎合。公兔爬上母兔后躯后，用前脚搔弄母兔的胸腹部，引起母兔兴奋。当公兔阴茎插入阴道后，上下抽动几下便射精。配种结束后，应立即抓住母兔，用掌拍其臀部，母兔受惊收缩肌肉，防止精液外流，及时将母兔送回原笼，记录配种日期、公兔编号，计算预产期等。

有的发情母兔会拒绝公兔爬跨，可用细绳栓住母的尾巴，然后将细绳从背后拉向头部，用左手将母兔的耳朵、颈部皮肤和细绳抓住，让母兔头朝前，露出外阴，固定好母兔；右手伸到母兔腹部，在公兔爬跨时，略微抬高母兔臀部，使母兔头低尾高，以便公兔顺利完成交配。

人工辅助交配应注意：a. 在配种前，应对公母兔的健康情况进行检查，凡是患病、营养不良的种兔，特别是患有疥癣、传染病和生殖器疾病的种兔严禁参与配种。b. 经过长途运输、注射疫苗、转场和病愈不久的种兔也不能马上配种。c. 如母兔不愿接受某只公兔交配可选择另一只公兔，但需间隔 10 分钟左右，待上只公兔气味散尽后，再将母兔放到其他公兔笼中，以免被误认为是公兔，引起打斗。d. 为了让公兔更加兴奋，在公兔爬上母兔背上后，将其拉下，反复几次。e. 如果母兔交配完成后立即排尿，应重新补配。f. 春季和秋季配种时间在日出和日落前后，夏季应在清晨或夜晚天气凉快的时候，冬季最好在中午天气温暖的时候；饲喂后半小时内不宜进行配种。

(三) 人工授精技术

人工授精技术是大型养兔场和兔群集中地常用的一种配种方法，主要程序有采集精液、精液品质检查、稀释与保存、诱导母兔排卵和输精配种。

（1）精液采集 采集精液需要使用采精器，它由外壳、内胎和集精杯3个部分组成。外壳保温效果好、耐腐蚀、耐高温，以半硬质的塑料管为好，直径18~20毫米，长60毫米；集精杯可采用小的青霉素瓶代替；采精器内胎要求弹性强、柔软、导热性好，可选用直径30毫米的人用避孕套作为内胎。

采精器的材料准备好后，外壳先用清水洗干净，再用肥皂水洗涤、干净清水冲洗，然后用生理盐水冲洗。避孕套采用同样的方法清洗干净，将避孕套穿过外壳，剪去盲端，翻转套在外壳上，用橡皮筋固定好。然后，提起避孕套的另一端，向外壳和避孕套内的间隙注入45℃的温水，注满后再将避孕套的另一端翻转套在外壳上，用橡皮筋牢牢固定。将集精瓶洗净、消毒烘干，然后安装在假阴道的一端，并用力向前推，增加胎内压力，使假阴道的另一端口初形成"Y"字形。用消毒后的温度计插入假阴道内，测量温度，待温度降到40℃，便可开始采精。

采精开始前，将假阴道口涂上凡士林或用少量的生理盐水进行湿润。将公兔笼内的食槽等器具取出，选择一只发情的母兔作台兔，也可自己制作台兔，台兔表面蒙上兔皮，诱导公兔爬跨，待公兔爬跨后立即将其从台兔上推下，反复2~3次，以激发公兔的性欲，增加射精量和精液品质。当公兔的性欲达到高潮时，采精者左手抓住台兔的耳朵和颈部皮肤，右手握住假阴道，把它放在台兔的后退之间，并紧贴阴部，外突1厘米左右，调整假阴道位置，使假阴道口略低，集精杯稍高，让假阴道与公兔的阴茎保持同样的角度和高度。当公兔阴茎抽动时，应及时调整假阴道位置，使之顺利进入假阴道。公兔阴茎插入假阴道后，会立即射精，此时应将立即抬高假阴道口，让精液流入集精杯，防止精液外流。待精液全部流入集精杯后，马上盖上瓶盖、贴上标签，送精液检验室进行品质检验。

（2）精液品质检验　精液的品质检验指标主要有射精量、颜色、气味、pH 值、精子密度、精子活力及畸形率等。

射精量：可采用有刻度的集精杯或小量筒直接测量读数，平均 0.8 毫升，但因个体、营养、季节和采精技术不同而有差异。

颜色：精液的正常颜色为乳白色或灰白色，红色、黄色和绿色的精液都不正常，应及时查明原因。

气味：稍带腥味。

pH 值：采用精密 pH 值试纸测定，正常精液一般在 6.8 ~ 7.25，太高或过低均属不正常。

精子密度：是指单位体积内精子的数量。用血细胞计数器在显微镜下可准确计算出精子的密度，一般每毫升精液精子的数量在 2 亿个左右。

精子的活力：在显微镜下观察直线运动的精子数量占全部精子数量的比例。方法是取一块洁净、干燥的载玻片，用消过毒的玻璃棒蘸取 1 滴精液，滴在盖玻片的中央，盖上盖玻片后，在 30℃ 的环境中，在显微镜下放大 200 ~ 400 倍后进行观察，如果观察到的精子全部呈直线运动，其活力为 1.0 分，若 90% 的精子呈直线运动记 0.9 分，以此类推，评分为 1.0 ~ 0 分，若全部精子原地摆动、转圈或不动记 0 分。只有精液的精子活力达到 0.6 分以上，才能用于人工授精。

畸形率：正常精子呈蝌蚪状，有一个椭圆形的头和长长的尾巴，凡是双头、大头、无头、双尾、无尾或尾部卷曲等均视为畸形。正常精液的畸形率一般不会超过20%，畸形率过高将直接影响母兔的受胎率。

（3）精液的稀释 目的在于增加的精液数量、延长精子的存活时间、为更多的母兔进行人工授精，提高良种公兔的利用率。常用的稀释液有以下几种。

①0.9%的氯化钠溶液：可用注射用生理盐水代替。

②5%的葡萄糖溶液：可用注射用5%的葡萄糖溶液代替。

③柠檬酸钠葡萄糖溶液：柠檬酸钠0.38克，无水葡萄糖4.54克，卵黄1~3毫升，青霉素、链霉素各10万单位，用蒸馏水稀释至100毫升。

稀释时，应沿着管壁将稀释液缓慢注入精液中，并轻轻将其摇均。如果稀释的倍数较大，应分2次稀释。稀释应严格按照"三等一缓"的原则，即：等温（30~35℃）、等值（pH值6.4~7.8）和等渗（0.986%）。稀释后的精液要重新检查精子活力，如果活力变化不大，可立即进行输精，要尽量缩短采精到人工授精的时间间隔，提高人工授精的受胎率。

（4）精液保存 稀释后的精液可立即用于人工授精，没有用完的精液或稀释后需间隔一段时间才使用的精液应及时保存。精液可采用常温保存、低温保存和冷冻保存3种方法进行保存。稀释后的精液先进行分装，为阻止空气和细菌进入，每瓶分装的精液面封上一层中性石蜡。常温保存的温度一般在15~25℃，温度缓慢降到室温，但一般只能保存1~2天；低温保存的温度为0~5℃，分装好的精液瓶外包裹几层纱布，放在5~10℃的环境中1~2小时，让其缓慢降温，然后再放入冰箱或放有冰块的保温箱中保存。在农村没有冰箱的地方，也可放在地窖或水井中保存，保存的精液瓶除包上纱布外，外面还需包上塑料薄膜，达到防水、防潮的目的，此方法一般可保存 1～2 天。常温保存和低温保存精液都是在液态的情况下进行的保存，所以又称液态保存。冷冻保存是精液通过稀释、平衡、缓慢降温、冷冻等系列过程，最后放入液氮（-196℃）中保存的一种方法，精液可用此方法长期保存。

（5）诱导排卵　由于肉兔是诱导排卵动物，输精前应对母兔进行诱导促排处理。主要方法有：肌肉注射促排卵素 3 号 4～7 微克；静脉注射绒毛膜促性腺激素 50～80 单位；肌肉注射黄体生成素 10～20 单位或者用结扎输精管的公兔诱情。

（6）输精　肉兔的输精器可用一个带有 8～10 厘米长输精管（或人用的导尿管）的玻璃注射器代替，也可用羊的输精器。输精方法：首先将消过毒的输精器吸入精液，由助手一手抓住母兔的耳朵和颈部皮肤、另一手抓住母兔的臀部皮肤，使母兔臀部朝上、头部朝下，保持固定姿态。输精者左手夹住兔尾向背后掀起，使母兔外阴暴露出来。右手持输精器，将输精管斜向上方轻轻插入，然后再平行缓缓插入 6～8 厘米，直到阴道深处，输入精液 0.3～0.5 毫升即可。

如果没有助手，一人也可以进行输精。输精者坐在凳子上，将母兔头朝下，放在两腿之间，用腿夹住，左手掀起兔尾，右手持输精器即可。

输精应注意：输精前，凡是接触精液的各种器具必须严格消毒；输精最好在进行诱导促排后 2～4 小时进行，受胎效果最好；插入输精管要从背侧缓缓插入，如遇阻力不要强行插入，可来回抽动几下，徐徐插入，以免弄伤阴道；输精时，精液的注入速度要慢，以免精液外溢，输精完毕后，拍一下母兔后背，促进精液的吸收。

二、繁殖技术

肉兔的繁殖是实现肉兔养殖效益的主要环节，提高母兔的繁殖力是使养兔场在同样的时间内繁殖出更多、更好的优质仔兔，这是提高兔场的养殖效益的关键。兔群的繁殖力与母兔的受胎率、活产仔数、泌乳力、年产仔数、育成数有关，要提高母兔的繁殖力需做好以下技术措施。

（一）做好配种工作

在选种选配原则的指导下，制定兔场的配种计划，提前做好配种准备工作。

（1）注意观察、适时配种 随时观察母兔的发情情况，在母兔发情中期，母兔的阴户黏膜大红、肿胀、湿润时，及时配种。早期阴户粉红和晚期阴户黑紫均不适合配种，如果错过最佳时刻配种，产仔数会下降，甚至配不上，耽误一个情期，既浪费饲料，又影响年产仔数。

（2）重复配种 就是在母兔第 1 次配种后 4 ~ 6 小时，用同一只公兔再重复交配 1 次。重复配种不仅可以刺激母兔的排卵，还可增加排卵数量，增加卵子受精的机会，显著提高母兔的受胎率和产仔数。对于长时间没有配种的公兔，精液中死精和衰老的精子数量多，精液品质不高、易造成不孕和假孕，重复配种可提高受孕机会和受精率。

（3）双重配种 是指母兔第 1 次配种后 10 分钟左右再用另一公兔进行第 2 次交配。这种配种方式有更多的精子参与竞争，提高了母兔的受精率，增强了仔兔的生活力，提高了幼兔的成活率。但该方法只适合商品兔生产，由于无法分清血缘关系，不能用作生产种兔。

（4）合理的公母比例　要严格按照公母比例配备种公兔，不要过度使用种公兔，也不能长期闲置。种公兔闲置不仅浪费饲料，精液品质还会下降。

（二）加强妊娠管理

要尽量较少空怀母兔的数量、提高仔兔初产重和活产子数。一般情况初生重大的个体，断奶重大，生长速度快。

（1）尽早进行妊娠诊断　妊娠诊断的主要方法有摸胎法、称重法、试情法和激素放射免疫测定法。

①摸胎法：是养兔生产中最常用的一种方法。摸胎应在配种后 8～12 天，母兔空腹时进行。摸胎方法是：先将待查母兔放于平板或地面上，如果兔笼大，而且高度合适，也可以在兔笼中进行。让母兔头朝向检查者，左手抓住母兔双耳和颈部皮肤固定好，右手轻轻抚摸母兔背部，待母兔安静后，右手拇指与其余四指分开，形成"八"字形，掌心向上伸到母兔腹下，轻轻向上托起后腹，由后向前使腹内容物前移。然后五指轻轻合拢触摸中后腹部，如腹内触感柔软如棉，则没有妊娠；若触感到有花生米大小的肉球，滑动又富有弹性，且一个挨一个，这便是胎儿，证明母兔已经妊娠。早期摸胎，容易把胚胎与粪球相混淆，粪球多为圆形，表面硬而粗糙，没有弹性，排列不规则，分布较分散。胚胎的位置比较固定，用手轻轻捏压，肉感明显，光滑而有弹性，手摸感容易滑动。摸胎时动作要轻，严禁用手捏压胎儿，以免引起流产或死胎。

②称重法：即分别称取母兔配种前和配种后 12 天的体重，如果配种后的体重明显增加，母兔体重增加 150 克以上，则母兔怀孕可能性大；如果体重增加超过 300 克，则表示母兔已经怀

孕。由于母兔怀孕初期胎儿生长缓慢，子宫的增重也很有限，母兔2次称重前的采食量对母兔的体重影响很大，所以，采用称重法的准确率不高。另外，由于要进行2次抓兔和称重，易引起母兔的应激反应，因此，此方法在生产实际中运用较少，仅适合初学养兔者。

③试情法：又称复配法，就是母兔配种5～7天后将母兔放入公兔笼内，如果母兔接受交配，表明母兔没有怀孕；如果母兔拒绝交配，发出"咕咕"叫声，或卧地卷缩身躯，将臀部紧贴地面，表示母兔已经怀孕。由于母兔发情周期为8～15天，所以，即使母兔是空怀也不一定发情；另外，已经怀孕的母兔也可能接受交配，故此方法准确率低。还有，如果母兔已经怀孕，用公兔试情易引起公母兔打斗，生产中一般不采用此法。

④激素放射免疫测定法：在母兔配种5天后，测定母兔血清的孕酮浓度，妊娠兔的孕酮浓度可达到7微克/毫升左右，而未孕兔只有2微克/毫升。

（2）供给全面充足的营养　母兔妊娠前期（1～15天）胎儿处在发育阶段，是胎儿各种组织器官形成的时期，增重占整个胚胎期的1/10左右，所以，母兔对营养物质数量的要求不高，但需要供给营养全面的饲料，一般按空怀母兔的营养水平供给即可。怀孕后期（15天后）应逐渐增加精料喂量。从妊娠20天到分娩这段时间，胎儿处于快速生长发育阶段，胎儿体重迅速增加，因此，必须增加精料的喂量，一般应增加到空怀母兔的1.5倍。同时要特别注意优质蛋白质、矿物质饲料和维生素的供给。矿物质中的钙缺乏时，易造成母兔产后瘫痪。但母兔临产前3～4天要逐渐减少精料喂量，以优质青粗和多汁饲料为主，以免造成母兔便秘、难产及产后患乳房炎。母兔分娩2～3天后要逐渐将精料增加到哺乳期的标准和饲喂量。

（3）加强饲养管理　妊娠母兔饲养管理的关键是防止流产。特别是妊娠 15 天后要单笼饲养，保持兔场环境安静，禁止在兔舍附近大声喧哗或制造噪声等。摸胎方法要正确，摸胎时动作要轻柔，不得捏、压胚胎；妊娠 15 天以后更应格外小心，不要随意追赶或无故捕捉母兔，因为此阶段极易发生流产；在同一兔舍内饲养有青年兔、成兔、幼兔、公兔、孕兔等各种肉兔时，应先喂孕兔，特别是妊娠后期的母兔，避免由于先喂其他肉兔引起母兔骚乱而流产；有时必须捕捉妊娠母兔时，应首先逐渐靠近，使其安静，让孕兔有所准备时，然后一手抓住颈皮部，另一手托住臀部；妊娠母兔禁止饲喂发霉变质、腐败或冰冻的饲料；兔舍、兔笼要要保持干燥，夏季提供充足的饮水，兔舍保持通风换气，有利于防暑降温。

（三）做好分娩护理工作

母兔的妊娠期一般为 30 ~ 31 天，临产前必须做好接产准备工作。将消过毒的产仔箱放入兔笼内，里面放些干净、柔软的垫草，注意不要用被动物或老鼠粪尿污染的稻草、棉花或毛发等。母兔产前一般会出现拉毛现象，这是母兔一种正常的生理现象，而且与泌乳相关，一般情况，拉毛早则泌乳早，拉毛多则泌乳多。产前不会拉毛的母兔多为初产母兔或泌乳能力差的母兔，对于不会拉毛的初产母兔，在临产前最好进行人工诱导拉毛，拉毛的动作要轻，每次拔掉的毛要少；拔毛可刺激乳腺的发育，促进乳汁的分泌。母兔产前还应准备一些淡盐水（含盐量 1% 左右）或红糖水。

（1）母兔分娩的表现　母兔分娩前 3 ~ 5 天，乳房开始肿胀，并可挤出少量的乳汁；外阴红肿，食欲减退，尾根与坐骨之间的韧带松弛。临产前 1~2 天开始衔草、拉毛做窝，越接近临产，衔草拉毛和出入产仔箱的次数越多。

（2）分娩过程：母兔一般在夜间分娩。母兔临产时，精神不安，四肢刨地、顿足，拱背努责，有阵痛表现；分娩时，母兔多呈犬坐姿势，仔兔生出后，母兔马上咬断脐带，舔干仔兔身上的血水和黏液，吃掉胎衣。分娩过程一般只需 20~30 分钟，个别母兔需要更长时间。分娩结束后母兔一般会给仔兔进行哺乳，然后走出产仔箱寻找水源，因此，应提前将准备好的淡盐水或红糖水放入笼中，让母兔饮用。同时将产仔箱移出，称取仔兔初生重，做好记录；将被血水和黏液污染的垫草取出，换上干净的垫草，清理巢箱，将干净的被毛盖在仔兔身上，并将母仔分开饲养。

（3）人工催产 母兔产仔一般情况都比较顺利，但个别母兔需要进行催产。例如，妊娠时间超过 32 天的母兔或生产过程中母兔体力不支、阵缩乏力时。

注射催产素：母兔注射人用催产素（缩宫素）2~3 单位，一般 10~20 分钟即可分娩。

催产素的用量应根据母兔的体重灵活掌握，体重大、胎儿多的母兔应适当加大用量。但是，因胎位不正而造成的难产，应将胎位调整后再注射催产素。激素催产产程断，一般需要人工护理。

（4）诱导分娩 以下几种情况可采用诱导分娩：母兔超过预产期都没有产仔征兆；个别母兔有食仔恶癖，需要人工监护产仔；寒冷季节为了让母兔白天产仔，及时保温，防止仔兔无人监护冻死等。诱导分娩主要有以下 12 个步骤。

①拔毛：将妊娠母兔从饲养笼中取出，放在干净、平整的操

作台或桌面上，左手抓住母兔的耳朵及颈部皮肤，使母兔仰卧腹部朝上，右手食指、拇指和中指捏住母兔乳房周围的毛，轻轻地将乳头周围 2 厘米的毛一小撮一小撮地拔掉。

②吮乳：选择产后 6～10 天的仔兔一窝，数量在 5 只以上，8只左右最好，健康无病，发育正常，饥饿 6 小时以上，将这窝仔兔连同产仔箱一并取出，然后将拔过毛的待产母兔放入其中，轻轻固定母兔，不要让它跑出或伤害仔兔。饥饿的仔兔就会寻找奶头，进行吮乳，待仔兔吃奶 5 分钟以后，将母兔取出。

③按摩：将干净温热的毛巾拧干水后，轻轻按摩母兔的腹部1 分钟，同时用手感觉母兔腹内的变化情况。

④观察护理：将经过上述诱导的母兔放入产仔箱，仔细观察母兔的表现，一般情况下母兔 10 分钟左右便可分娩。母兔一般分娩很快，有时来不及清理仔兔身上的血水和黏液，应用干净的毛巾将仔兔口鼻处的黏液去掉，擦干身上的羊水。尤其是在天气寒冷的冬天，应加强人工护理。利用母兔的这些特性将母兔的产仔时间调整到白天，以加强护理。

（5）人工催乳　初生仔兔的生长发育速度与母兔的泌乳量密切相关，如果母兔分娩后乳汁不足，就必须进行人工催乳。调整日粮的营养水平，供给优质的蛋白质饲料，适当增加青绿饲料的喂量，确保母兔蛋白质、矿物质、维生素等各种营养的需要。同时可以采取以下方法催乳：

①乳片催乳：人用催乳片每日 2～3 片，连喂 3 天。

②鲜鱼催奶：用鲜鱼 50～100 克熬汤，用汤和鱼肉拌料喂母兔，连用 3～5 天，喂食后第 2 天即见效。

③花生米催奶：将花生米 10 粒、芝麻少许、酵母片或食母生 3～5 片，捣碎后饲喂母兔，每天 1 次。

④豆浆红糖水催奶：母兔分娩后，立即用豆浆 200 毫升、红糖 5～10 克给母兔喂服，可提高泌乳量。

⑤蚯蚓催奶：将新鲜蚯蚓用开水泡至发白后切碎拌红糖喂母兔，每天喂 2 次，每次喂 1～2 条。也可将蚯蚓晒干、粉碎后每天 10～15 克，连喂 4 天，可增加泌乳量 1.5 倍。

⑥拉毛催奶：在母兔分娩拉毛时，将其拉下的毛取走，母兔发现毛少了，就会继续拉毛，直拉到腹毛光秃。

（四）供给营养全面的饲料

种兔一般都承担较重的繁殖任务，如果营养供给不足，势必造成种兔繁育性能下降。特别是青年种兔，不仅要满足自身生长发育的需要，还要满足配种或妊娠的营养需要。高密度繁殖的母兔由于妊娠和哺乳会同时进行，不仅要确保母兔泌乳的营养需要，还要满足其妊娠的需要。因此，要严格按照饲养标准配制种兔饲料，确保种兔的蛋白质、钙和磷等微量元素、维生素特别是维生素 E、维生素 A 的充足供应，使种兔保持适当的体重和膘情。但在母兔空怀期，要注意母兔的膘情不能太肥，母兔过肥会影响受胎率和产仔数，因此，可适当增加母兔粗饲料的添加量，降低营养浓度。

（五）适度提高繁殖密度

由于母兔特殊的繁殖生理，可一年四季进行繁殖。但由于一年四季的气候条件的差异，每年的 3～5 月和 10～12 月受胎率较高，炎热季节 7～9 月受胎率较低。养殖场饲养技术水平和饲料营养水平的不同，生产繁育的胎次也不一样。一般情况下每年每只能繁育 4～5 胎，采用提前断奶和血配等措施可显著提高其繁殖密度，但对养殖技术和饲养条件、饲养水平要求较高。为了获得更多的后代仔兔，一般可采用半密集繁殖和密集繁殖。

（1）半密集繁殖　一般在母兔产子后的 10~15 天进行配种繁殖。由于此时母兔还处在泌乳期，又叫奶配。半密集繁殖使母兔的泌乳高峰期和胎儿的发育高峰期错开，对营养的需要不如密集繁殖苛刻。采用半密集繁殖每年可生产 5~6 胎，适用于中等规模的养兔场，商品兔场采用半密集繁殖生产，效益较好。

（2）密集繁殖　母兔产后发情早，一般在产后 1~2 天便可发情配种，仔兔在 21~28 日龄断奶，这样每年可产仔兔 8~10 胎的繁殖方法叫密集繁殖。但该办法要求兔场饲养管理技术好，有良好的环境条件和气候，种兔的生活环境条件可控。该方法适合规模大的集约化生产场。

采用密集繁殖应注意以下几点。

①母兔泌乳高峰和胎儿发育高峰重合，对营养物质的需要量较大，必须供给母兔充足的营养全面的优质饲料，以满足胎儿发育和母兔泌乳的需要。

②定期称重。血配的母兔应定期称重，一是可及时了解母兔是否怀孕，二是根据体重的变化，及时调整饲料的喂量和营养浓度。一旦发现母兔体重明显下降，应立即增加母兔的营养物质的供给，或停止进行血配。

③适当缩短利用年限。采用密度繁殖的母兔，由于繁殖强度大，母兔的卵母细胞具有一定数量，出生后不会再增加，所以，母兔的利用年限一般只有 1.5~2 年。因此，应加强母兔的选种工作，储备优质的后备种母兔，确保兔场的正常繁育工作。

④加强早期断奶仔兔的饲养管理。密集繁殖的仔兔一般在 21~28 日龄断奶，为了保证断奶仔兔的正常生长发育，必须提前补料，渡过断奶关。仔兔一般从 15 日龄开始诱食补料，补充的饲料要求营养全面、容易消化、适口性好，具有一定的诱食作

用。仔兔吃食后，要少喂勤添，每天饲喂 5～6 次，每次必须全部吃完，否则下次减量饲喂。

（六）搞好冬繁工作

冬季影响肉兔繁育的主要因素有温度、光照和饲料 3 种因素。

（1）保持适宜的温度　肉兔全身都是毛，比较耐寒，但如果环境温度降到 5℃ 以下，其新陈代谢就会加强，以此来维持体温，使饲料消耗增加。我国大部分地区冬季气候寒冷，气温很低，当环境温度低于 0℃，母兔发情异常，繁殖率很低，仔兔死亡率大大提高。因此，冬季必须为种兔提供保温措施，有条件的兔场可采用保温兔舍。不是保温兔舍的，应关闭兔舍的门窗，只留部分的窗户和排气孔通风，用塑料薄膜封闭朝西北的窗户，防止贼风侵袭。白天中午气温较高时，打天窗通风。另外，还应保持兔舍的干燥。肉兔喜欢清洁干燥的生活环境，很难适应低温高湿环境。可用远红外线灯或地板供暖，为肉兔提供一个温暖舒适的生活环境。

（2）适当补充光照　冬天太阳光照时间缩短，如果兔舍采光效果不好，会影响母兔的繁殖性能。虽然肉兔对光照的要求不是很严格，但提供适当的光照时间和强度可显著提高种兔的繁殖性能。在光照时间不足时，母兔会出现发情不明显或不发情情况，种兔每天需要的适宜的光照时间为 14～16 小时。试验研究证明：每天增加光照的强度和时间可显著提高母兔的受胎率和仔兔的成活率，因此，在冬季，应适当地为种兔提供人工光照，确保种兔的正常繁育。

（3）供给营养全面的日粮　在冬季，尤其是我国北方，缺乏青绿饲料，如果饲料原料搭配不当，可造成母兔的某些营养缺乏。冬天天气寒冷，种兔为了御寒，将消耗更多的能量，需要适当提高种兔饲料的能量水平。因此，在配制种兔冬季饲料时，要注意营养的全面性，适当增加维生素的添加量，适当增加能量饲料的配比，特别是脂肪的供给。平时，在饲料中可补充添加新鲜胡萝卜或多种维生素。

第六章

肉兔家庭养殖场的饲料配制

第一节 肉兔的营养需要与饲养标准

一、肉兔的营养需要

肉兔的生命活动及生产活动都需要足够的营养供给，而营养主要来源于日常饲料中的各类物质。肉兔需要从饲料中获取充足的水、碳水化合物、蛋白质、脂肪、矿物质、维生素等营养物质。饲料供应不足，搭配不合理，会直接影响肉兔的生长发育及繁殖生产，使家兔营养平衡失调，新陈代谢紊乱，免疫力下降，严重的还会造成肉兔死亡，对肉兔养殖造成极大的经济损失。因此，掌握家兔对各类营养物质的生理需要，为家兔提供量足、质优的饲料日粮，对发展肉兔家庭养殖场、提高肉兔养殖效益具有极大的帮助。

（一）水的需要

水是生物体的重要组成部分，任何生物的生存都离不开水。水约占肉兔体重的70%，主要参与肉兔的消化、吸收、运输、分解、代谢、免疫等多种生理机能。肉兔饮水不足，会造成食欲减退、精神沉郁，导致肉兔喝尿、乱食杂物，严重影响肉兔的消化功能，诱发消化道疾病的产生。幼兔缺水，其体重会大幅度下降，抑制幼兔的生长发育。产后母兔饮水不足，会造成少乳、吃食幼崽等问题。种公兔饮水不足，会发生性欲减退、精液品质差等问题。根据研究显示，充分供水的肉兔，日增重是低供水肉兔的 24 倍。

肉兔的需水量较大，日常饲料中含有的水分不能满足肉兔的生理需要。因此，养殖户需要提供一定量的水，通过饲喂器饲喂肉兔，一般在每次喂料后摆上清洁水供肉兔饮用。一般成年兔每天的需水量为干饲料食用量的 2 ~ 3 倍，生长发育的幼兔和哺乳母兔需水量为干饲料食用量的 3 ~ 5 倍，主要根据养殖场环境、肉兔生长阶段及饲料组分进行合理配比。温度高、饲料含水量低时，需要加大供水量。当气温由 20℃升高到 30℃时，家兔的饮水量需增加 50% 以上。饲喂颗粒饲料时，中小型兔每天需水量为300 ~ 400 毫升，大型兔为 400 ~ 500 毫升。

（二）碳水化合物的需要

饲料中的碳水化合物是肉兔生长繁殖的主要能量提供者，为肉兔维持体温、呼吸、消化、排泄、生殖、活动等基本的生理机能提供能量。同时，碳水化合物还可以调节肉兔体内代谢，防止酸中毒。

肉兔所需要的碳水化合物主要来源于植物性饲料，如玉米、大麦、麦麸、高粱、米糠。碳水化合物包括单糖、双糖、淀粉、纤维素等，肉兔能够充分利用单糖和双糖，可消化吸收 82% 以上的淀粉。对纤维素的消化率则有一定的差异，然而，适当的纤维素可以促进消化道的正常蠕动，使肉兔排泄顺利，大量使用精料时要注意日粮中粗纤维的含量。

(三) 蛋白质的需要

蛋白质是含氮的有机化合物,除氮外,还含有碳、氢、氧,部分含有少量的硫,有的蛋白质还含有磷、铁、铜、锰、碘等微量元素。蛋白质是肉兔生长的物质基础,是构成细胞的基本有机物,是肉兔体内各种酶、激素、抗体、精子、卵子等生物活性物质的基本组成成分,还是构成肉兔机体的最主要成分。

构成蛋白质的基本单位是氨基酸,肉兔食用含有蛋白质的饲料后,在体内将其消化、分解成为游离氨基酸,再根据需要,将不同的氨基酸合成为机体所需的体蛋白质。氨基酸分为2类:一类是动物体内可以合成的,称为非必需氨基酸;另一类则是动物体内不能合成的,只能通过外源食物补充的氨基酸,称为必需氨基酸。必需氨基酸同样是维持机体正常机能不能缺少的。由于必需氨基酸不能由机体合成,因此必须通过饲料来进行补充。目前发现的氨基酸有22种,其中8种是必需氨基酸。肉兔的必需氨基酸主要有:蛋氨酸、精氨酸、赖氨酸、组氨酸、亮氨酸等。根据研究显示,日粮中分别添加含量为0.60%、0.65%、0.60%的精氨酸、赖氨酸、含硫氨基酸可以使生长兔日增重达35~40克。

肉兔对蛋白质的需要在一定程度上取决于蛋白质的品质。蛋白质中肉兔需要的氨基酸越完全,比例越适合,肉兔对它的利用率就越高。生产实践中,为提高蛋白质的使用率,多采用多种饲料配合,使不同的必需氨基酸能够相互补充。例如,豆科植物中含有较多的赖氨酸和色氨酸,能够对缺少这2种氨基酸的玉米饲料进行补充,两者配合使用可以提高日粮蛋白质的利用率。在日粮蛋白质品质、营养配比较合理的情况下,不同生理时期肉兔对蛋白质的需要量为:生长兔16%,妊娠兔15%,哺乳母兔17%,空怀兔14%。如果饲料中蛋白质含量不足或配比不合理,公兔会出现生长缓慢，体重减轻，精液品质下降；母兔会出现不发情，受孕难、少奶，胎儿发育不良等问题。如果蛋白质含量过多，则会造成饲料浪费，影响肉兔健康，引发机体功能紊乱，甚至造成蛋白质中毒。

（四）脂肪的需要

脂肪也是肉兔的主要能量来源之一，它的热能值是碳水化合物的2.25倍，同时脂肪还能沉积体脂，起到缓冲及保护机体内脏的功能，是兔体组织的重要组成物质，还是脂肪酸、磷脂及维生素溶剂的主要来源。在肉兔日粮中添加2%～5%的脂肪，能够极大地提高饲料的适口性，促进肠道吸收脂溶性维生素。缺乏脂肪会严重抑制维生素A、维生素D、维生素E、维生素K的吸收。此外，肉兔体内正常的内分泌和外分泌活动也都需要脂肪为原料，特别是哺乳兔，需要脂肪来促进母乳的分泌。

肉兔体内的脂肪可以通过饲料中的碳水化合物转化为脂肪酸后合成。然而，脂肪酸中的亚麻油酸、次亚麻油酸、花生油酸在肉兔体内不能合成，需要通过饲料进行供给，因此也被称为必需脂肪酸。必需脂肪酸在肉兔体内作用较为复杂，缺乏时会造成生长发育不良，繁殖能力下降等问题。一般豆类、米糠、鱼粉含脂肪较多，能够为肉兔提供足够的脂肪。

（五）粗纤维的需要

粗纤维对肉兔具有十分重要的生理意义，尽管肉兔对粗纤维的消化能力较差，但是粗纤维能够刺激胃黏膜发育、细胞更新，促进胃肠道的蠕动和消化液的分泌，控制食糜流动时间，能够很好的预防肠道疾病的发生。此外粗纤维同样具有营养作用，可以为生物体提供能量，粗纤维能够在大肠中经微生物发酵产生挥发性脂肪酸，肠壁吸收后能够参与机体的代谢。日粮中不宜加入较多的粗纤维，否则易加重胃肠道负担，影响营养物质的消化吸收和利用；然而，粗纤维过少，则导致胃肠道蠕动减慢，食糜停留时间过长，造成细菌毒素的残留，引起肉兔腹泻等疾病。一般日粮中粗纤维含量在13%左右，幼兔要适当降低，一般不低于8%，成年兔可以高一些，但不能超过20%。

（六）矿物质的需要

矿物质是指肉兔体内的无机元素，其中包括常量无机元素和微量无机元素，约占兔体重的5%。矿物质主要参与机体内各种生命活动，例如，调节体内渗透、保持酸碱平衡、参与神经的兴奋性传导等；矿物质还是体内多种生物活性物质的重要组成部分，在新陈代谢过程中起着至关重要的作用，是肉兔正常生长和繁殖所必需的营养元素。

（1）常量无机元素 常量无机元素包括钙、磷、钠、氯、钾、镁、硫等在体内含量超过0.01%的矿物质元素。

①钙和磷：钙和磷是兔体内含量最多的2种元素，是骨骼和牙齿的主要组成成分。钙还存在于细胞和组织液中，对神经传导、肌肉收缩以及血液的凝集有着重要的作用。而磷在血清、蛋白质、核酸和磷脂中都存在，还是三磷酸腺苷（ATP）、二磷酸腺苷（ADP）以及磷酸六碳糖的重要组成部分，在碳水化合物代谢中起着至关重要的作用。钙的吸收受到日粮中钙、磷、维生素D含量的影响，通常认为钙磷比例为（1.5～2）∶1时吸收率较高。泌乳母兔由于产奶排出大量的钙和磷，因此，必须适当提高日粮中钙和磷的含量，为母兔补充微量元素。当日粮中缺少钙、磷时，易导致肉兔患软骨病、产前产后瘫痪及幼兔佝偻病。豆科牧草含钙较多；粮谷、糠麸、油饼等含磷较多；青草野菜中钙含量多余磷含量；贝粉、石灰石粉含钙较多；骨粉、磷酸钙等钙含量及磷含量都较多，是肉兔最

好的钙、磷补充饲料之一。一般认为肉兔日粮适宜的含钙量为1.0%~1.5%，含磷重为0.5%~0.8%。

②钠和氯：钠和氯是食盐的主要组成成分，存在于肉兔的体液中，2种元素协同维持了细胞外液的渗透压，参与胃酸的合成，维持胃内适宜的酸度。同时，钠和氯对淀粉酶、神经传导、肠蠕动也都有影响。缺乏钠和氯会导致肉兔食欲不振，生长缓慢，皮毛粗糙，出现异食癖。一般植物性饲料中含有较少的钠和氯，必须通过喂盐来补充，一般认为在肉兔日粮中应加入0.5%的食盐（氯化钠），可以满足肉兔对钠和氯的生理需要。

③钾：钾是细胞内的主要阳离子，缺乏时容易引发机体机能和结构的异常，造成严重的肌肉营养不良。生长兔日粮中钾的含量最少为0.6%。在实际饲养中，必须重视肉兔日粮中钠、钾、氯的平衡，若日粮中钾含量过高则容易引发肉兔患肾炎。某些牧草具有蓄钾效应，因为施用钾肥而大幅度提高了该牧草的钾含量，因此，在饲用这类牧草时要注意控制肉兔的采食量，避免因钾摄入过多而引起兔体内矿物质平衡失调。

④镁和硫：生长兔对镁的需要量为日粮含量的0.03%，而妊娠及泌乳的母兔则需要0.04%的镁供应量。镁含量过高或过低容易造成肉兔吃毛、皮毛品质下降、生长发育不良或引发过度兴奋而痉挛。缺乏硫会抑制兔肠道微生物的组成和功能，影响纤维素的消化，日粮中含有0.04%的硫可满足肉兔对硫的需要。

（2）微量无机元素　微量无机元素包括铁、铜、锌、锰、钴等在体内含量不超过0.01%的矿物质元素。

①铁：铁是组成血红素和肌红蛋白的必需元素，是细胞色素酶类和多种氧化酶的重要组成部分。在实验条件下，缺铁会诱发兔患低色素小细胞性贫血症，从而严重影响兔的生长和繁殖。为

保证肉兔对铁的需求，生长兔和妊娠母兔日粮干物质中的含铁量为 50 毫克/千克，泌乳兔为 100 毫克/千克。有研究显示，不同铁添加水平，对新西兰兔的血小板分布宽度（PDW）、平均血小板体积（MPV）、血小板大细胞比率（P-LCR）影响显著，并且以 50 毫克/千克效果最高。

②铜：铜在肉兔体内以肝肝、肾肝、心脏和大脑中含量最多，是细胞色素氧化酶、抗坏血酸氧化酶等的组成成分。铜参与血红蛋白和兔体毛色素的合成，能够促进机体对铁元素的吸收。当机体内缺乏铜元素时，会影响铁的吸收利用率，即使铁含量丰富，也会引发贫血，出现消瘦、下痢、生长缓慢、皮毛粗糙、生育能力显著下降。一般谷物籽实及其加工副产品中含有丰富的铜元素，饲喂肉兔的饲料铜含量为 3 毫克/千克时即可以满足需要。

③锌：锌主要存在于合成核糖核酸的酶系统中，是细胞生长的必需元素，同时锌对精子的成熟也具有重要的作用。锌可以通过参与兔体内的多种含锌酶的合成来加速激素的合成与释放，促进核酸与蛋白质的合成、细胞的分裂、生长和再生。缺锌会造成肉兔黏膜、皮肤发炎，脱毛，骨骼畸形，免疫功能下降，抗病能力弱，消化不良，腹泻，性功能降低，胚胎早死率增加，产仔率下降等问题。一般可以通过添加硫酸锌来缓解缺锌症。

④锰：锰是兔体内骨组织和性激素必需酶的组成成分，能够促进机体内骨骼、性器官的正常生长发育，对肉兔的生长、繁殖及造血都起着重要的作用。肉兔缺锰时，易对软骨生长造成损害，卵巢及睾丸不能正常发育或发生萎缩，导致肉兔长骨弯曲，骨的重量和密度降低，性机能发育不全或衰退，孕兔产死胎、弱胎等严重问题。为肉兔提供锰元素可以通过饮用含有高锰酸钾的

清洁水来实现，高锰酸钾含量为80毫克/千克。

⑤钴：钴是肉兔消化道微生物合成维生素 B_{12} 所必需的微量元素，同时可以加速兔毛的生长。钴缺乏症易发生于土壤缺钴的地区，通过饲喂含有氯化钴、硫酸钴的饲料，可防治家兔的缺钴症。断奶至 2 月龄生长肉兔日粮中适宜的钴添加水平为 0.1 毫克/千克，而改善肌肉嫩度需要添加钴 0.5 毫克/千克。

（七）维生素的需要

维生素既不是能量来源，也不是构成机体组织的主要元素，它是一类理化性质各不相同、功能各异的微量有机化合物，它作为一组具有高度生物学特性的低分子化合物，对维持家兔的正常生理机能有着不可替代的作用。如果缺乏，会发生各种维生素缺乏症，表现为生长缓慢、繁殖力低下、代谢紊乱、抗病能力下降，甚至死亡。各类维生素均由碳、氢、氧组成，部分还含有一种或者多种矿物质微量元素，除少部分维生素可以在动物体内合成以外，一般都需要由饲料供给。

（1）维生素 A 属于脂溶性维生素，只存在于动物体内及其副产品中，一切植物性饲料中均不含维生素 A，只含有胡萝卜素，即维生素 A 源，它可以在肠壁和肝脏中转变为维生素 A。在青饲料供给顺利的情况下，饲料中含有 50 毫克/千克的胡萝卜素即可防止维生素 A 缺乏，保证肉兔的正常生长繁殖。维生素 A 与肉兔的视觉上皮细胞、消化及生殖上皮细胞的健全功能有着密切的联系，维生素 A 缺乏时，可造成兔眼结膜角质化，发生夜盲症；幼兔下痢脱水死亡；种公兔射精量减少；母兔不易受孕和受胎率下降，容易发生流产和产出畸形兔等问题。饲料加工的过程中易造成胡萝卜素的大量损失，因此在对青饲料高温、高压、化学处理及贮存条件上要多加注意。

有研究显示，生长兔每天补充维生素 A 8 毫克/千克，繁殖母兔补充 14～20 毫克/千克，就能够满足肉兔的正常生理需要。随着日粮维生素 A 添加水平的提高，肝脏维生素 A 含量显著升高。日粮添加维生素 A 能极显著提高血清抗氧化酶活性，断奶至 2 月龄生长肉兔日粮维生素 A 添加水平以 6 000 单位/千克为宜，过量摄入维生素 A 可使生产性能下降，增加机体的氧化损伤。

（2）B 族维生素　B 族维生素属于水溶性维生素，包括核黄素（维生素 B_2）、泛酸（维生素 B_3）、烟酸（维生素 B_5）、吡哆醇（维生素 B_6）、维生素 B_{12} 等。

①核黄素：即维生素 B_2，主要参与肉兔体内的氧化还原反应，对主要营养物质的代谢过程具有重要的作用。核黄素缺乏时，易造成食欲不振、毛皮粗糙、生长不良，影响肉兔的繁殖与泌乳。一般核黄素在青饲料和动物性饲料中含量丰富，肉兔可以在饲料中获得充足的核黄素。

②泛酸：即维生素 B_3，与肉兔体内脂肪和胆固醇的合成具有十分重要的联系。泛酸缺乏时，家兔易发生皮肤和眼的疾病。泛酸广泛存在于各种饲料中，然而饲料的高温加工会破坏泛酸，因此在饲料的生产加工时要注意方式与方法。

③烟酸：即维生素 B_5，是机体内部分生物酶的重要组成成分，参与细胞的呼吸和代谢。缺乏时会引发食欲不振、生长发育不良、下痢、皮毛粗糙。烟酸可在肉兔体内由色氨酸合成，并广泛分布于各种饲料中。谷实类饲料含量较多，但是呈结合状，不易被兔体利用。

④吡哆醇：即维生素 B_6，是氨基酸代谢中的重要酶类之一，如转氨酶和氨基酸脱羧酶的辅酶成分。吡哆醇缺乏，会造成兔体蛋白质沉积减少，对铁的吸收利用率降低而发生细胞生成障碍性

贫血，导致家兔生长速度缓慢，神经系统病变，出现供给失调和抽风等问题。一般饲料中吡哆醇含量并不能满足肉兔的生长需要，因此，必须加以补充，生长幼兔的饲料应补充吡哆醇 50 毫克/千克，其他兔则补充 40 毫克/千克。

⑤维生素 B_{12}：是一种含钴元素的维生素，具有促进肉兔体内蛋白质合成的作用，维生素 B_{12} 可以在机体内合成，可以不用依靠饲料供给，与日粮的组成无关。

（3）维生素 C　属于水溶性维生素，为一种多羟化合物，极易被氧化剂所破坏。维生素 C 参与机体内一系列的代谢过程，具有抗氧化作用。维生素 C 易氧化为脱氢抗坏血酸，保护其他化合物免被氧化，肉兔一般不需要从饲料中获得维生素 C。

（4）维生素 D　维生素 D 属于脂溶性维生素，主要功能是促进钙和磷的吸收，调节钙和磷在骨骼中的沉积。维生素 D 缺乏，肉兔易患佝偻病、软骨病、牙齿发育不良等疾病。维生素 D 过多，可造成肉兔维生素 D 中毒，使软组织钙化。维生素 D 广泛存在于动物体中，植物中一般不含有维生素 D，而含有维生素 D_2 原（麦角固醇），经过日光照射可转变为维生素 D_2。兔体皮肤中含有 7 - 脱氢胆固醇，经阳光照射后可以转化为维生素 D_3。豆科牧草中含有丰富的维生素 D。

（5）维生素 E　属于脂溶性维生素，又称为生育酚，在家兔体内参与调解碳水化合物代谢，防止细胞中不饱和脂肪酸、维生素 A 等易氧化物质被氧化破坏。维生素 E 可以促进性腺的发育成熟和生殖功能的健全，与肉兔的生殖力有重要的关系。此外，维生素 E 与神经、肌肉组织代谢有关，严重缺乏时，可引起肌肉营养不良。家兔饲料中维生素 E 会随着饲料贮存时间的延长而不断损失，青饲料在自然干燥时维生素 E 可损失 90% 左右，因此，在一般饲喂条件下，还需要在日粮中添加适量的维生素 E，添加量为 20~25 毫克/千克；当缺乏新鲜青饲料时，为维持维生素 E 的供应，添加量需要增加至 40 毫克/千克。

（6）维生素 K　是一种脂溶性维生素，是兔体内形成凝血酶原所必需的一种重要维生素。维生素 K 缺乏易影响兔体的血液凝固，使外伤的凝血时间增加或出血不止。植物性饲料中含有丰富的维生素 K，同时家兔肠道内也能合成，因此，肉兔一般不易缺乏维生素 K。

二、肉兔的饲养标准

饲养标准是指总结大量的饲养经验、试验结果并结合实际生产中需要的特定元素，对各种不同动物所需要的营养物质进行定额、系统的规定。这种标准是动物生产计划中组织饲料供给、设计日粮配方、平衡饲料营养并对动物进行标准化生产的技术指南和科学依据。它往往规定了特定品种的动物在不同体重、年龄、性别、生理状态和生产水平条件下，每天应该供给的能量和各种营养物质的数量和比例，同时对加工手段、运输手段、贮存手段也做出了一定的规定。饲养标准一般分为四大类：第 1 类是国家标准，即由国家相关部门规定和颁布的标准，在全国范围内都具有很强的实用价值；第 2 类则是行业标准，由国家有关行政主管部门制定；第 3 类是地方标准，在没有国家标准和行业标准时，可由地方标准化行政主管部门制定，报国家标准化行政主管部门备案；第 4 类是企业标准，一般是由企业制定的，作为组织生产的依据。一般的饲养标准包含 2 个部分，即营养需要量表和常用饲料的营养价值表。饲养标准中包含的各项营养元素都具有其特殊的营养作用，缺少或者超量都可能引起肉兔的不良反应。

制订饲养标准的目的是为了指导肉兔的科学饲养，提高产品率，降低饲料成本，主要用于为畜禽配制合理、营养均衡全价的日粮饲料，作为畜牧场制定全年饲料供应计划的依据。

然而，饲养标准只是针对特定品种的畜禽，在一定的生产条件下制订的。在使用时应该结合当地当时的肉兔品种、饲料资源、环境条件、生产水平等灵活应变，适当调整，不能完全按照饲养标准生搬硬套。此外，饲养标准本身也具有滞后性，不是完全正确的，也不是一成不变的，随着经济的发展与饲养技术的不断提高，饲养标准也需要与时俱进，进一步发展。

第二节　肉兔的常用饲料及日粮配制

一、肉兔的常用饲料

饲喂肉兔的饲料种类有很多，按营养特性可以分为青绿多汁饲料、粗饲料、能量饲料、蛋白质饲料、矿物质饲料、维生素饲料和饲料添加剂 7 大类，每种饲料在肉兔日粮中该如何使用，主要取决于它们自身的营养价值和经济成本，最终还要看它能否给养殖生产带来经济效益。例如，在能量饲料中，一般以玉米为标准，主要比较各种能量饲料的营养价值和市场价格；而在蛋白质饲料中一般以豆粕为标准，重点比较各种蛋白质饲料的市场价格，价格低、效果好则可以选用。

（一）青绿多汁饲料

（1）青绿饲料　肉兔除采食部分精料外，主要依靠天然牧草、野草、野菜和树叶等青绿饲料。青绿饲料含水量较高，一般可达60%～80%，某些水生植物，如水葫芦等水分可高达95%左右。大部分青绿饲料具有良好的适口性，蛋白质营养价值丰富，含有各种必需氨基酸、特别是赖氨酸、蛋氨酸和色氨酸含量丰富。此外，青绿饲料中除维生素D外，其他维生素含量也很高。青绿饲料一般柔嫩多汁，容易被肉兔消化吸收。

在我国北方的4～10月、南方几乎全年，都有饲喂肉兔的各种青绿植物性饲料。这类饲料既可在春、夏、秋3季作为肉兔的鲜饲料，又可晒干成干草或加工成干草粉供冬季使用。用于饲喂肉兔的青绿饲料可分为2类，即野生饲料和人工栽培饲料。野生饲料包括各种野草、野菜以及野生植物的树叶等，都可以作为肉兔的饲料。而栽培的饲料包括人工牧草、青刈作物和家用蔬菜边皮等。

①人工牧草：新鲜的苜蓿是饲喂肉兔较好的青绿饲科之一，它不仅营养价值高，而且适口性好，肉兔喜欢采食。用苜蓿饲喂哺乳母兔和仔兔，有利于促进母兔奶水的分泌和仔兔的生长发育。鲁梅克斯K－1杂交酸模是我国单位面积粗蛋白质产量最高的牧草品种，为多年生植物，高产期10～15年，亩（667平方米。全书同）产鲜草10～15吨，适应性强，营养丰富，干物质粗蛋白含量可达29%～34%，含有18种氨基酸，营养全面，适口性好，各种畜禽都喜好食用。由于其水分含量高，粗纤维含量较低，适宜与其他干草饲料搭配喂兔。苦荬菜，又称鹅菜，亩产可达5 000～10 000千克，适应能力强，营养价值高，鲜嫩可口，肉兔爱吃，是很好的青绿饲料。

②青刈作物：青刈作物指的是利用农田栽培的农作物或饲料作物，在其结实前或结实期收割作为青绿饲料利用的饲料。常见的有青刈玉米、青刈燕麦、青刈大麦、青刈大豆苗、豌豆苗、蚕

豆苗等。其中，青刈大麦苗以及青刈大豆苗由于适应性强、生长快、适口性强，是肉兔很好的青绿饲料来源。

③蔬菜类：青菜、大白菜等各种蔬菜都可以作为肉兔的青绿饲料，且适口性较好。但青菜、大白菜一次喂量不宜太多，因其中粗纤维含量低、水分含量高，吃多了易引起拉稀、腹泻，饲喂时可以与青干草同时饲喂，效果更好。苞菜，又称卷心菜，产量高，营养好，易贮藏，可以作为冬季青饲料的主要来源。

④树叶类：桑树叶、榆树叶、槐树叶等都是肉兔的好饲料。槐树叶不仅适口性好，而且营养价值高，除鲜喂外，还可晒干粉碎成槐叶粉，供加工颗粒料。

饲喂青绿饲料时要注意以下几点。

①带有露水、雨水的青绿饲料不能用于饲喂肉兔，否则容易引起肉兔胃肠道疾病的发生，含水量高的青绿饲料必须经过阴干后再喂，可以与高粱糠或者粗饲料搭配使用，特别是早春季节，肉兔贪食，如果饲喂过多，易引起伤胃及胃肠膨胀。

②堆放、贮藏过久的青绿饲料不宜饲喂肉兔，特别是温度较高的夏天，要防止腐烂变质，饲喂霉变饲料极易引发肉兔的各种胃肠道疾病，严重的还会造成亚硝酸盐中毒，甚至死亡。

③含有异物的青绿饲料不宜饲喂幼兔，应该清除饲料中的砂石泥土、去除有毒有害的杂草或其他物质。避免因误食而引发中毒或消化功能紊乱等问题。

（2）多汁饲料　是指农作物的块根、块茎、瓜果类的多汁果实以及块根加工后的副产品（如甜菜渣）等，是一种富含水分的肉兔饲料。这种饲料营养成分不完全，蛋白质含量少，粗纤维含量低，但淀粉和糖分含量高，家兔喜欢吃，能够给肉兔提供大量的碳水化合物。多汁饲料适宜于喂食哺乳母兔，有促进乳汁分泌的作用，方便贮存，因而可留待青饲料缺乏的季节使用。饲喂多汁饲料时，要和水分含量低、组纤维含量高的饲料（如粗饲料）搭配使用，不宜以单一的多汁饲料长期饲喂，且要限制饲喂量。

肉兔常吃的多汁饲料有土豆、胡萝卜、萝卜、红薯、南瓜、冬瓜、西瓜皮、木瓜、菊芋（洋姜）、葫芦和番茄等。

饲喂多汁饲料时要注意以下几点。

①避免饲喂含有异物、杂质的多汁饲料，坚持鲜喂和生喂，喂土豆时必须挖掉有毒部分，变质有病的多汁饲料不能用于饲喂肉兔。

②要与粗饲料搭配饲喂，彻底洗净切碎，每次的饲喂量不宜过多，成年兔每天不应该超过 300 克。

③饲喂多汁饲料时一般需要添加部分豆科牧草粉，弥补蛋白质不足的缺陷，避免肉兔因为蛋白质不足而引发生长发育不良。

④饲喂多汁饲料还需要注意补充矿物元素钙、磷等，还可以在饲料中加入少量的木炭末，预防肉兔拉稀。

(二) 粗饲料

粗饲料指的是干物质中粗纤维含量在 18% 以上的饲料，包括青干草类、青干树叶类和秸秆荚壳类等。粗饲料的营养价值和饲喂效果差异很大。例如，青干草、树叶的营养成分很高，但秸秆荚壳类则不同，其纤维木质素含量很高，但营养价值低。

(1) 秸秆类 主要指农作物收获后所剩下的茎秆及枯叶部分，属于农业副产物系列，营养价值因秸秆种类的不同而存在较大的差异。玉米秸秆是我国北方地区的主要兔用粗饲料之一，营养价值受玉米品种、生长阶段、结构部位影响，夏玉米的营养价值高于春玉米，叶片的营养价值在秸秆中含量最高。相比于其他的秸秆，玉米秸外皮光滑、质地坚硬、比重小，在饲喂肉兔的过程中不宜添加过多，添加量应在10%以内。麦秸是营养价值较差的一种秸秆，粗纤维含量高，含有部分难以被利用的硅酸盐及蜡质，不宜在日粮中大量添加。稻草作为肉兔饲料可在兔日粮中添加10% ~ 15%。

（2）青干草　由天然草场或栽培牧草收割而来，经风干或晒制而成，营养价值显著高于秸秆。青干草颜色淡绿，肉兔喜欢采食，是一种优质的肉兔粗饲料。禾本科牧草蛋白质含量低，钙含量比其他牧草低，但维生素含量丰富，收割晒制容易，可占肉兔日粮的30%左右。豆科青干草蛋白质含量高，粗纤维含量低，钙含量丰富，饲用价值高。豆科青干草以人工栽培牧草为主，如苜蓿、草木樨等，在日粮中可占45% ~ 50%。在天然青干草中，对草种类很难区分，多以禾本科草为主，豆科草次之，其中夹杂很多菊科、苋草科等杂草，营养价值需要相互补充，是养兔的好饲料。

（3）树叶类　在各种树叶中，除少数不能饲用外，大部分都可以饲喂，其营养价值受产地、季节、品种、部位影响很大。果树叶鲜嫩时营养价值很高，但落叶枯黄后价值很快下降。果树叶含粗蛋白质10%左右，在兔日粮中可占15% ~ 25%，但是需要注意果树叶上残留的农药，避免肉兔因饲料问题而农药中毒。豆科树叶如刺槐叶和紫穗槐叶，粗蛋白质含量可达18% ~ 23%，含有丰富的营养物质。刺槐叶可占日粮的30% ~ 40%。而紫槐槐叶有不良气味，容易影响肉兔采食，日粮中一般占10% ~ 15%。其他树叶如杨树叶、榆树叶、柳树叶等也都是肉兔的好饲料。

在选用粗饲料时，首选苜蓿草粉、槐叶粉、花生秧等营养价值比较高的豆科牧草进行饲喂，品质差的秸秆或者野生牧草一般不使用。在采收各种粗饲料时需要把握适宜的采收时间，例如紫花苜蓿最适宜的刈割时间为初花期，而野生青草和刺槐叶为每年的 8 ~ 10 月份。采收完成后要尽量缩短饲料的晒制时间，切记避免雨淋及受潮，目的是为了获得优质干草。在加工晒制过程中，注意牧草或者秸秆的叶片，避免因叶片脱落走失而造成饲料使用的不充分。若在日粮中添加单宁含量较高的杨树叶、柳树叶时，需要控制其比例，不能超过 20%。

（三）能量饲料

能量饲料指的是干物质中粗纤维含量低于 18%，而蛋白质含量低于 20% 的饲料。能量饲料的主要目的是为肉兔提供大量易于消化吸收的能量物质，因此一般蛋白质含量较低，钙离子等矿物质、维生素种类不完全。家庭饲养肉兔常用的能量饲料主要有各类作物的种子，如大麦、小麦、玉米、高粱等籽实以及粮食加工副产品中的米糠及麦麸等。在家庭饲养的单胃家畜中，肉兔所需的能量较低。

（1）玉米　玉米是我国重要的粮食作物之一，种植面积广，产量较高，可以利用玉米作为家兔的主要能量饲料。玉米含有较高的能量物质，碳水化合物、粗蛋白质、粗脂肪、粗纤维在玉米种含量较高。但是玉米缺乏赖氨酸、色氨酸等多种肉兔必需的氨基酸。因此，在使用玉米配制肉兔日粮时，必须注意蛋白质饲料的补充，适量的补全营养成分。玉米籽实中缺乏维生素 B_{12}，核黄素及泛酸含量较低，部分品种的玉米含有较大量的胡萝卜素。玉米作为饲料在贮藏过程中要保持较低的含水量，防止霉变，使用时再将其粉碎，配制肉兔日粮。

（2）大麦　大麦也是一种重要的能量饲料，在用量上仅次于玉米，由于大麦在我国种植面积广，极易获取，因此也是肉兔日粮的重要组成成分。大麦含有丰富的蛋白质、脂肪、纤维素，含有少量的矿物质及微量元素，含有丰富的维生素 B_1 和维生素 B_5，适口性较好。且由于大麦适应性强、再生能力优秀，不仅是良好的精饲料，还可以加工成青绿饲料供肉兔食用。

（3）麦麸　麦麸包括大麦麸以及小麦麸，来源广泛，数量多，成本低廉，能够为肉兔提供大量的能源物质，营养价值相对较高，富含 B 族维生素及维生素 E。麦麸和其他能量饲料相比质地膨松，具有很好的适口性，肉兔喜欢采食，可用于弥补玉米饲料中必需氨基酸含量不足的问题，同时大量的纤维素及镁盐有利于肉兔通便，是妊娠后期母兔和哺乳母兔的重要饲料。麦麸在家兔日粮中的用量可高达 40%。

（4）高粱　高粱可以作为玉米的代替谷物，多种植于玉米不适宜生长的半干旱地区。其蛋白质、脂肪及纤维素含量与玉米相似，必需氨基酸含量较少。

（5）米糠　米糠含有丰富的 B 族维生素及锰、磷等矿物元素，但是由于米糠容易变质，一般在日粮中比例较低。

能量饲料的使用需要适当控制玉米的含量，一般为 15% ~ 30%，玉米等能量饲料比例过高，容易使肉兔发生消化道疾病。麦麸中钙和磷的比例失调，使用比例不能超过 40%。在日粮中添加适当的动植物油可以增加饲料的适口性，同时增加饲料的能量价值，一般添加量为 1% ~2%。日常使用的日粮中应该至少含有 2 种以上的能量饲料，进而保证饲料的多样性及营养的均衡性，其中各组分所占的比例主要以营养和成本为主要参考因素。

（四）蛋白质饲料

蛋白质饲料是指干物质中粗蛋白质含量 20% 以上、粗纤维含量 18% 以下，主要为肉兔提供蛋白质源的饲料，包括饼粕类蛋白质饲料、动物性蛋白质饲料。饼粕类蛋白质饲料主要包括大豆饼粕、花生饼粕、棉籽饼粕、菜籽饼粕、芝麻饼粕等，其中以大豆饼粕和菜籽饼粕应用最多，是最主要的蛋白质饲料。动物性蛋白质饲料主要有鱼粉、肉骨粉、血粉等。

（1）饼粕类蛋白质饲料

①豆饼和豆粕：是大豆籽实榨油后的副产品。豆饼是压榨后的副产品，而豆粕是浸提后的副产品。粗蛋白质含量大约在40%以上，胡萝卜素及维生素D含量较低，维生素B_5含量丰富，一般作为家兔配合饲料中的主要蛋白质来源。生豆粕、豆饼需要加热分解其中影响消化的成分才能用于肉兔的日粮配制。

②花生饼粕：其营养价值可以与豆饼和豆粕相媲美，粗蛋白质含量约为47%，其中精氨酸及组氨酸含量丰富，赖氨酸、蛋氨酸、钙离子、胡萝卜素及维生素D含量少。作为原料配制肉兔日粮前，需要加热灭活胰蛋白酶抑制因子。在贮存过程中必须防止感染黄曲霉菌，避免肉兔因食用被污染的饲料而造成家兔中毒。

③棉籽饼：是棉籽榨油后的副产品，来源广泛，数量巨大，相比于豆粕、豆饼及花生饼粕，具有较低的价格，是主要的蛋白质饲料资源之一。其粗蛋白质含量为36%～41%。然而，棉籽饼里含有对畜禽有害的棉酚，且以游离棉酚为主，因此在食用前需要经过脱毒处理。

④菜籽饼：是油菜籽榨油后的副产品，粗蛋白质含量在30%以上。菜籽饼含有硫葡萄腺苷，在芥子酶的作用下会产生有毒物质，导致甲状腺肿大。因此，在日粮中添加量需小于10%。

（2）饲料酵母 是以植物性蛋白质饲料为基础，接种特殊种属的酵母菌发酵而来的。一般的优质饲料酵母含粗蛋白质50%以上，同时饲料品质好，消化率高，含有丰富的B族维生素、维生素D及多种矿物质元素，是肉兔良好的蛋白质补充饲料。

（3）动物性蛋白质饲料

①鱼粉：是优质的动物性蛋白质饲料，不仅含有较高的必需氨基酸，还含有维生素及多种矿物质，粗蛋白质含量在60%左右。鱼粉是由不适于人类食用的鱼类及渔业加工副产品生产而成，由于来源、加工方法的不同，质量差别较大。一般在肉兔日粮中添加3%左右。

②肉骨粉：是由不适于人类食用的家畜躯体、骨头、胚胎、内脏及其他废弃物制成。肉骨粉营养丰富，粗蛋白质含量在50%左右，肉骨粉和肉粉都可用于肉兔的日粮中，添加量一般为1%～2%。

③血粉：是由屠宰家畜时所得的血液经过干燥而制成的。加工方法一般有3种，即吸附法、简单干燥法及喷雾干燥法。血粉的营养价值很高，粗蛋白质含量一般为80%，肉兔日粮中可加入0.5%～1%。

在日粮中需要控制其中的蛋白质含量，一般的全价日粮蛋白质比例应该在15%～20%，精饲料可以适当提高，但是不宜超过35%，较低的蛋白质含量会严重影响肉兔的生产性能，但是蛋白质含量过高也会造成肉兔消化道疾病的发生。部分蛋白质饲料中含有有毒有害物质，需要在使用前进行解毒或热处理，若没有相关的处理条件，要尽量减少该种饲料的使用。特别需要注意的是蛋白质饲料中氨基酸组分的配比，不能因为盲目的增加蛋白质含量而造成部分氨基酸缺少。动物性蛋白质饲料成本较高，参考饲养环境及条件，适当的控制添加量，不超过5%。

（五）矿物质饲料

矿物质饲料所含的营养元素一般都是比较单一的，例如，碳酸钙、石灰石粉、蛋壳粉、贝壳粉等都是只含钙的饲料，主要补充饲料中的钙；食盐含钠和氯，补充钠、氯的需要量；骨粉、磷酸钙、磷酸氢钙和脱氟磷酸盐等，主要作为磷的来源，同时钙也可得到补充。微量元素可用工业的硫酸盐类来补充，既补给了铁、铜、锌、锰等元素，也供给了硫元素。目前，膨润土、麦饭石等也作为矿物质饲料，应用于肉兔的日粮配制。

（1）膨润土　是一种层状结晶构造的含水铝硅酸盐矿物质，含有动物生长所需的铁、磷、钾、铝、铜、锌、锰、钴等 20 余种元素，具有营养、吸附、置换等功能。家兔日粮中添加 1% ~ 3%，能明显提高生产性能，减少疾病的发生。

（2）麦饭石　属于碱性岩石系列，能吸附有害有毒物质。麦饭石中含有 27 种动植物正常生长所需的元素，其中 11 种为主要元素，16 种为微量元素，能够成为多种酶、维生素、激素的组成成分。家兔日粮中适宜添加量为 1% ~3%。有报道显示，肉兔配合饲料中添加 3% 的麦饭石，增重提高 23.18%，饲料转化率提高 16.24%。

矿物质饲料的使用需要严格控制，含量过高容易引发肉兔中毒或者机体发生病变，而过低又不能起到相关作用。一般来说全价饲料中食盐含量在 0.5%，夏季可以适当提高，但不能超过 1%，骨粉、麦饭石等饲料控制在 2% 以下。添加过程也需要特别注意，应采用预混合及逐级混匀的方式，以免造成中毒。

（六）饲料添加剂

饲料添加剂是指为了提高饲料的利用率、补充饲料中所缺少的营养成分，保证和改善饲料的品质，促进畜禽生产，在保证不危害畜禽动物的前提下添加进入饲料的少量或者微量的营养或者非营养性物质。

（1）营养性添加剂　营养性添加剂主要是为了补充饲料中缺

少的特定营养成分，包括维生素添加剂、矿物质添加剂及氨基酸添加剂。

①维生素添加剂：主要目的是为了补充饲料中所缺少的特定维生素，添加形式有单一形式的（如某一种维生素），也可以有各种维生素按照适当的比例配制而成的复合维生素。该添加剂可以与其他营养物质合成具有特定用途的产品，在生产中应根据不同的目的与要求选择使用。

②矿物质添加剂：包括常量元素和微量元素添加剂，是应用较早且普遍的一种营养性添加剂。与维生素添加剂一样，微量元素添加剂是兔日粮中不可或缺的营养物质，根据肉兔不同阶段、不同特征的营养生理需求，可以添加单一或者复合的微量元素。目前，在肉兔中使用最多的微量元素添加剂一般都含有铁、铜、锌、碘、锰、钴等微量元素。

③氨基酸添加剂：是为了补充肉兔所需的必需氨基酸。肉兔是食草动物，饲料主要由植物性原料组成，而植物性原料中必需氨基酸组成不完全，蛋氨酸及赖氨酸容易缺乏。因此，在肉兔日粮配制时需要添加一定量的蛋氨酸、赖氨酸添加剂。一般蛋氨酸添加量为 0.1%，赖氨酸为 0.05% ~ 0.1%。

（2）非营养性添加剂　该类添加剂的主要目的是为了提高畜禽生产水平和饲料利用率，改善饲料的品质及适口性，如生长促进剂、驱虫保健剂、饲料改良剂。

①生长促进剂：主要用于刺激肉兔生长，增进健康，改善饲料利用率，提高生产能力。常用生长促进剂包括抗生素、抗菌药物、酶制剂等。抗生素是一种抑制微生物生长或破坏微生物生命活动的物质，可促进肉兔肠道中养分的吸收。因肉兔大肠微生物作用很强，酶制剂也很少使用。

②驱虫保健剂：球虫是肉兔的主要体内寄生虫，高温高湿季节多发，为防止球虫，在肉兔日粮中常添加的抗球虫药物主要有氯苯胍、盐霉素、莫能菌素、球痢灵等。

③饲料改良剂：只能改良饲料品质的添加剂，常用的有抗氧化剂、防霉剂、着色剂、调味剂、松散剂、黏合剂等。

目前，饲料添加剂的使用应该严格遵守国家推出的肉兔饲养标准及相关行业标准，避免滥用添加剂，造成产品品质的大幅度下降，对消费者带来严重的影响。需要特别注意饲料添加剂的品牌、添加量、使用方法、保质期等问题，避免胡乱使用。在添加进入饲料时需要进行预混合及逐级混匀等，驱虫保健剂要交叉使用，避免对肉兔体内的寄生虫产生抗药性。

二、饲料中常见的有毒物质

肉兔饲料如果保存或处理不当会造成饲料中含有某些有毒物质，当有毒物质低于中毒阈值时，不会引起不良后果；若高于阈值，则会严重影响健康，甚至造成中毒或死亡。下面将介绍饲料中常见的一些有毒物质。

（1）胰蛋白酶抑制剂 胰蛋白酶抑制剂是由氨基酸残基组成的多肽，在胃内不被破坏，进入小肠后与胰蛋白酶结合形成复合物，使胰蛋白酶失去活性，从而阻碍了蛋白质的消化。该复合物进入大肠后可被微生物降解，或由粪便排出体外，从而使兔体丧失大部分蛋白质。肉兔常用饲料中，大豆的胰蛋白酶抑制因子含量特别高。若肉兔长时间饲喂生大豆，可引发蛋白质消化不良现象。高温处理可破坏胰蛋白酶抑制因子，如热榨豆饼中胰蛋白酶抑制因子可降低到3.4微克/克，大豆煮熟可基本消除该物质。

（2）致甲状腺肿大的相关物质 芥子苷在饲料或动物体内芥

子苷酶的作用下，可产生阻止甲状腺利用血液中碘离子的物质，使甲状腺素合成受阻，引起甲状腺肿大和机体代谢紊乱。菜籽饼虽然营养丰富，但其芥子苷含量高达 10% ~ 13%，且排毒处理方法的效果较差、成本较高，所以菜籽饼的实用价值不大。此外，卷心菜和花椰菜等青饲料中也含有致甲状腺肿大的物质，饲喂时应减少添加量。

（3）棉酚　可使肉兔体组织受损并降低繁殖机能。棉籽饼中棉酚含量为 0.07% ~ 0.24%，使用时要进行前处理去毒。棉籽饼在日粮中的水平不宜超过 10%。

（4）植物性血凝素　该物质可引起肉兔肠黏膜损伤、阻碍营养物质的吸收，主要存在于豆科植物中，经热处理后可被破坏。

（5）草酸盐　在消化道内，草酸可以与钙离子结合成不溶性草酸钙，阻碍钙的吸收。在肉兔体血液内，草酸还可以与血清中的钙结合，使血钙水平迅速下降，引起肌肉痉挛等症状。因此，对富含草酸盐的青绿饲料，应控制饲喂量，以免发生低钙症。在肉兔常用的青绿饲料中，苋菜和菠菜的草酸盐含量较高，饲喂时应注意。

（6）霉菌毒素　在肉兔饲养中，还必须注意防止饲料霉变。一些富含蛋白质的饲料（如花生饼粕）和玉米霉变后易生成黄曲霉、灰曲霉等，从而产生黄曲霉毒素，引起肉兔中毒，表现为食欲和饮水不良，脱水、昏睡，继而发展为肝脏受损和黄疸。有些谷物饲料霉变后可产生橘霉素、柠檬色霉素、T_2 毒素和玉米赤霉烯酮等有毒物质，可引起肉兔肾脏和肝脏损害，繁殖机能降低，甚至死亡。草木樨在发生霉菌生长时，可使所含的香豆素转化成双香豆素，造成维生素 K 缺乏。此外，麦角也是一种常见的霉菌性毒素，可危害中枢神经系统和平滑肌，造成血液循环障碍。

（7）亚硝酸盐、氢氰酸和氰化物　青绿多汁饲料中含硝酸盐，青绿饲料堆放时间过长，发霉腐败；霜冻后或者在锅里加热煮后过夜，都会使硝酸盐还原或水解产生亚硝酸盐，动物食后常会发生中毒。

（8）农药及有毒元素　受农药和一些有毒元素污染的肉兔饲料也会使肉兔中毒。

三、肉兔的日粮配制

日粮是指肉兔在 24 小时内所采食的各种饲料量。日粮配合就是根据饲养标准，根据不同年龄、体重、生理状态的肉兔对营养物质的需要量，采用多种饲料搭配而制成的配合饲粮。该种日粮设计可以提高饲料的利用效率，为肉兔提供均衡、全价的营养物质。

（一）肉兔的日粮配制原则

（1）科学性原则　日粮的配制必须遵循科学性原则，选用新鲜无毒、无霉变、质地好的饲料。配制日粮的饲料必须适合肉兔的特性及口味，饲料的适口性好坏直接关系到肉兔的采食行为，适口性好，能够促进肉兔采食，提高饲养效果。配制的日粮必须满足肉兔各个阶段的营养标准，避免单个或多种营养成分不足或过量，注意饲料中蛋白质与能量的比例，减少饲料的无谓损耗。配制日粮时多采用不同的饲料进行配比，避免单一饲料而造成营养缺失，有利于营养物质的互补作用。

特别需要注意的是，饲料中不仅仅需要一定比例的蛋白质，更重要的是蛋白质的质量，即各种必需氨基酸的含量和配比。在生产中发现，日粮饲料中蛋白质含量提高到 20% 以上时，饲养效果不明显，参考国内外的很多日粮配方，可以发现生长兔设计的配方蛋白质含量多为 16%～16.5%，而且饲养效果不错，配套商品代日增重可以达到 40 克。由此可以发现，按照理想氨基酸模式设计的配方，能够有效地降低饲料的成本，同时避免了因为蛋白质添加过量而引起的资源浪费。

（2）经济性原则　饲料成本在肉兔的生产繁殖过程中占有很大的比重，因此，降低饲料成本能够显著提高肉兔饲养的经济效益。一般日粮的配制应充分利用当地资源，选用实惠、营养丰富、质量稳定的饲料资源。特别是蛋白质饲料，针对不同地区，可以选用当地资源以降低成本。

（3）可行性原则　配制日粮所选用的原料要求价格、质量稳定，能够保持长时间的供应。在同一育肥阶段，饲料配方要保持不变，营养成分维持恒定。在进入饲养的下一个阶段时，尤其要注意饲料的配制问题。

（4）逐级预混原则　肉兔日粮中含有多种微量成分用以维持饲料的营养全价，然而含量较低的微量（用量少于 1%）成分不易混合均匀。因此，为了提高其在饲料中的均匀度，一般需要进行预混合处理，保证日粮饲料的全面营养，提高饲料的使用效率与经济效益。

（二）日粮配方设计

日粮配制的方法有很多，随着计算机的广泛应用，目前多采用计算机分析计算不同日粮成分的能量配比、蛋白质配比、微量元素配比及维生素配比。计算机极大地方便了日粮配方的设计过程，运用电脑设计饲料配方，主要根据不同饲料的品种及营养成分、肉兔对各种营养物质的需要量及市场价格变化情况，将相关数据输入计算机，并规定约束条件（例如饲料配比、营养指标等），然后通过计算机软件处理就可以计算出满足肉兔营养要求而且价格低廉的饲料配方，即具有当地特殊性的最佳配方。虽然计算机运行速度快、计算精准，但日粮配制的基本方法与原则仍然没有改变。现以试差法为例，说明日粮饲料的配方设计过程。

（1）确定肉兔的营养需要量　根据肉兔营养需要和实践经验：幼兔的全价配合饲料要求每千克饲料含消化能 10.46～10.88 兆焦，其营养成分比例需要满足粗蛋白质 15%～17%，粗纤维 12%～14%，粗脂肪 2.5%～3.5%，钙 0.7%～0.9%，磷 0.6%～0.8%；种兔全价配合饲料要求每千克饲料含消化能 10.46～11.3 兆焦，粗蛋白质含量为 15%～18%，粗纤维 12%～14%，粗脂肪 2.5%～3.5%，钙 0.6%～1.1%，磷 0.5%～0.8%；生长育肥兔的全价配合饲料，每千克饲料含消化能 10.46～10.88 兆焦，粗蛋白质 14%～15%，粗纤维 15%～16%，钙 0.5%～0.6%，磷 0.3%～0.4%。

（2）计算粗饲料的营养成分　选择容易获取、价格低廉的粗饲料，当具有多种粗饲料时，要选择适口性好，肉兔容易消化吸收的饲料来配制日粮。参考饲料营养成分表，按配制比例计算出粗饲料中含有的营养成分及能量总量。

（3）配平能量需要量　当选用的粗饲料不能满足日粮的能量需要时，需要对部分粗饲料进行更换，选用含有高能量的原料代替。例如，采用大麦代替稻草粉，能够提高日粮 7 363.3千焦/千克的能量，即选用 1 千克大麦代替 1 千克稻草粉能够提高能量值 7 363.8千焦。

（4）配平蛋白质需要量　当消化能已经基本满足肉兔的需要量时，需要继续配平粗蛋白质含量，根据已经选定好的饲料，计算出粗蛋白质及必需氨基酸的含量，补足或减少蛋白质的含量以满足肉兔对日粮中蛋白质的需要量。

（5）配平微量元素、维生素需要量　日粮饲料初配时，配方总量应该小于100%，以便于留出最后添加食盐及其他添加剂的含量，用于最后配平微量元素、维生素需要量，同时添加非营养性添加剂，改善饲料的品质与适口性。

（三）配方举例

（1）肉兔幼兔饲料配制及配方　幼兔饲料的选择应注意易消化性和适口性，不能过多使用含木质素较多的秸秆类粗饲料。粗饲料以优质牧草为主，如苜蓿草粉等。蛋白质饲料以豆粕、花生粕等适口性好、易消化的饲料为主。尤其需要注意微量元素、维生素必须满足仔兔快速生长的需要。可少量使用动物性蛋白质饲料，以及富含B族维生素的酵母饲料，以补充维生素不足。推荐饲料配方：1～3月龄，优质干草粉40%、大麦或玉米15%、小麦或燕麦12%、豆饼13%、麦麸14%、鱼粉3%、磷酸氢钙1.5%、食盐0.5%、预混料1%；4～5月龄，优质干草粉39%、大麦或玉米23%、小麦或燕麦10%、豆饼10%、麦麸12%、鱼粉3.0%、磷酸氢钙1.5%、食盐0.5%、预混料1%。

（2）肉兔生长兔饲料配制及配方　生长兔应选择草粉、秸秆、大麦、玉米、豆饼、鱼粉等常用饲料，为降低成本，可加入一定量花生粕、棉籽粕、菜籽粕、胡麻粕或者芝麻酱渣等。粗饲料用量可以适当加大，由于成年家兔盲肠发达，可以合成较多的B族维生素，饲料中可以减少B族维生素的使用。此外，日常可以使用部分青绿饲料。推荐饲料配方：干草粉33%、秸秆粉10%、大麦或玉米12%、小麦或燕麦16%、麸皮9%、豆饼14%、鱼粉2%、饲料酵母1%、磷酸氢钙1.5%、食盐0.5%、预混料1%。

（3）妊娠兔全价饲料配制及配方　妊娠兔除了要维持自身的

营养需要，还要保证胎儿正常的生长发育。因此，在日粮配制时要特别注意营养充足和平衡，特别是维生素及微量元素的供应。妊娠期间，母兔不能过肥，以免造成难产、死胎。同时，母兔过肥还会影响哺乳性能。母兔过瘦容易造成流产，应保持中等营养状态。饲料中粗纤维含量要适宜，以免造成母兔便秘。推荐饲料配方：干草粉29%、秸秆粉15%、大麦或玉米25%、小麦或燕麦10%、麸皮5%、豆饼8%、棉籽饼2%、饲料酵母3%、磷酸氢钙1.5%、食盐0.5%、预混料1%。

（4）泌乳兔全价饲料配制 肉兔泌乳阶段除了需要维持自身营养外，还要特别注意维持泌乳功能，以保证仔兔生长的营养需要。在进行饲料配制时，要注意能量饲料充足供应，蛋白质饲料要氨基酸平衡、充足、易消化吸收。同时，为保证泌乳性能和乳脂质量，需要向饲料中添加脂肪类饲料。饲料适口性要好，以保证母兔采进食量大。参考饲料配方：干草粉34%、秸秆粉10%、大麦或玉米25%、小麦或燕麦8%、麸皮5%、豆饼10%、棉籽饼2%、鱼粉2%、饲料酵母1%、磷酸氢钙1.5%、食盐0.5%、预混料1%。

四、肉兔颗粒饲料的加工

肉兔颗粒饲料就是指按照肉兔饲养标准设计饲料配方，将原料饲料进行粉碎、称量、混匀、压制成粒而制成的粒状料。颗粒饲料不同于其他状态的饲料，具有十分明显的特点：a. 颗粒饲料符合肉兔的采食行为，喜欢食用粒状饲料时肉兔的食性之一，能满足肉兔的食用需要。肉兔一般采食较硬的颗粒状饲料，能够延长其咀嚼时间，满足肉兔的啮齿行为。通常肉兔不食用粉状料。b. 可极大地提高饲料的利用率和肉兔的生长水平，促进肉兔对饲料营养的消化吸收。c. 避免肉兔挑食行为, 减少饲料浪费, 肉兔采食经过颗粒处理的饲料, 能同时进食精、粗饲料。d. 能够提高配制饲料的劳动效率, 通常饲喂颗粒饲料后, 只需要喂水即可, 不用再饲喂其他饲料。e. 提高兔群的健康水平, 降低发病率和死亡率。传统的青饲料, 虽然适口性也很好, 但是青草的种类、品质及产量受季节、天气及环境等影响较大, 导致兔群的消化道疾病增多, 流行性疾病及寄生虫疾病暴发。而常年饲喂颗粒饲料, 其日粮配方质量稳定, 因此疾病发生率也相对下降。此外, 颗粒饲料的加工过程中会产生高温, 能够杀死饲料中的部分病原物质, 降低传染病及寄生虫病的发生。f. 颗粒饲料相比于青饲料或其他饲料, 更加方便贮存及运输。

肉兔全价颗粒饲料的加工过程如下。

（一）原料选择

根据已经设计好的日粮饲料配方, 按要求选择质优、量大、经济的原料进行制备。一般要求原料的含水量不超过安全贮藏水分, 杂质不超过2%, 重金属含量不能超过国家标准。

（二）原料粉碎

将选择好的原料进行粉碎处理, 粉碎后可以增加表面积, 提高肉兔的消化吸收效率。同批饲料原料可以用口径相同的筛板粉碎, 使原料易混合均匀。

（三）混合

该过程是加工颗粒饲料的重要环节。为保证混合均匀度, 必须做好下面几点: 一是将微量添加物制成预混料; 二是控制混合时间; 三是确定合理的加料顺序, 配比大的先加, 配比小的后加, 相对密度小的先加, 相对密度大的后加。

（四）压制颗粒

压制颗粒需要一定的技术设备，控制适宜的蒸气量，粉化率不能超过5%，控制含水量在14%以下。肉兔喜好的颗粒料直径为5毫米，长度为10毫米；加工时需要保证颗粒饲料结实完整，光滑。

使用颗粒饲料饲喂肉兔虽然优点很多，但仍需要针对不同的养殖环境及饲养条件进行选择处理，特别是颗粒饲料加工中的一些问题，还要注意改进与避免。首先，颗粒饲料的加工一次性投入很大，购置各种仪器、设备等均需要较大的投资；其次，颗粒饲料加工过程中需要经过挤压、摩擦等过程，会产生很大的热量，温度最高可以达到80℃以上，日粮中的维生素极易受到破坏和损失，因此还需要采取其他方式补充相应的维生素；再次，肉兔颗粒饲料的加工涉及到多种机械与电器的知识，需要养殖人员能够完成相关机械的修理和日常维护，对养殖人员的要求较高，一旦机器发生故障会极大影响饲料的正常生产；最后，颗粒饲料成本仍然较高，相比于一般饲料增加了人工、水电、修理等相关费用，一定程度上增加了养殖负担。

第七章

肉兔常用优质牧草的栽培

青绿饲料是家庭式小规模兔场的主要饲料，也是规模化养兔的重要补充料。由于季节的更替以及不同地区的环境因素，单纯依靠野生青绿饲料很难满足兔场的需要。因此，需要采取人工栽培牧草来弥补野生青绿饲料不足，以保证青绿饲料的常年均衡供应。合适栽培的肉兔优质牧草主要有紫花苜蓿、黑麦草、狼尾草、苏丹草、红三叶、苦荬菜、胡萝卜、松香草、籽粒苋、鲁梅克斯 K-1 酸模等。

一、紫花苜蓿

紫花苜蓿适宜于半干燥的气候条件，具有较强的耐寒、耐盐碱能力，对土壤有一定的改良作用，是北方地区的主要牧草品种。苜蓿每种一次，可连续利用 5~6 年，平均每公顷产鲜草 30 000~60 000 千克。其营养丰富，粗蛋白质含量较高，且必需氨基酸全面，是植物性饲料中蛋白质品质较好的一种。

栽培技术主要包括以下方面。

播种：春、夏、秋三季均可种植。苜蓿种子细小，顶土力差，幼苗期生长缓慢，因此，要精细整地，播种深度不宜超过 3 厘米。在土地瘠薄、水利条件较差的地区，宜在 9 月上旬或中旬播种，此时雨季刚过，出苗容易，幼苗越冬后，第 2 年即可达到较高产量。

管理要点：幼苗期要松土除草。对轻碱地，应注意整地工作，因幼苗期耐碱能力较弱。一般在雨季前先串地、晾晒，以后每逢一次雨串一次地，共 3 ~ 4 次，利用雨水冲洗盐分，然后再进行播种，这样才能保证苗全苗旺。农耕地种植苜蓿，可以间播或套种，可以经济有效地利用土地，扩大当年收益。在春季，第一茬收割宜在植株形成花蕾后进行，否则会影响以后的产量。晚秋最后一次收割应在初蕾前苜蓿长到 15 厘米时进行，使它在根茎处蓄积充分的养分，供越冬和翌年春天萌发之用。苜蓿种子的采收要看荚色而定，一般在植株下部种荚变黑、上部种荚变黄时进行收割。

二、黑麦草

多花黑麦草喜湿润气候，宜于夏季凉爽、冬季不太寒冷的地方生长。在昼夜温度为 27 ~ 12℃ 时生长最好。在我国北方寒冷地区不能越冬或越冬性很差。在北京越冬率约为 50%，东北南部越冬率不到 10%。它不耐热，特别在气温高同时伴随干旱的情况下，常会枯死。多花黑麦草适宜在壤土或黏壤土地种植，比较耐湿、耐盐碱，在含氯盐 0.25% 以下的土壤上生长良好，但最适宜的土壤 pH 值为 6 ~ 7，在土壤 pH 值为 5 ~ 8 时生长也较好。鲜草干物质中含粗蛋白质 13.4%，粗脂肪 4%，粗纤维 21.2%，粗灰分 14.9%，其中钙 0.48%，磷 0.3%。研究显示，黑麦草相比于紫花苜蓿、白三叶、聚合草等优良的多年生牧草，饲喂效果最好，能够明显增加肉兔的食欲，增加饲料的转化率，同时牧草混合饲喂的效果优于单独饲喂，黑麦草配合白三叶能够起到较好的饲喂效果。

栽培技术主要包括以下几方面。

整地：多花黑麦草的种子比较小，所以整地要精细，要深翻地，耕深不少于20厘米。

播种：多花黑麦草为秋播或春播。在我国淮河以南地区适宜秋播，第2年春即可刈割利用。华北和西北则宜春播，4~5月播种，9~10月收获利用。

多花黑麦草可与水稻轮作。多花黑麦草还可与豆科牧草混播。混播组合为紫云英、白三叶、红三叶等。混播以多花黑麦草为主作物，豆科牧草的播种量，为单播的1/3~1/2。

施肥：由于目前多在肥力较差的土地上种植牧草，而禾本科牧草又是需肥较多的作物，因此，施用基肥十分重要。基肥以有机肥为主，可加适量化肥。多花黑麦草需肥多，消耗地力强，在施足基肥的基础上，刈割之后都要追肥一次。

田间管理：多花黑麦草幼苗期生长缓慢，不耐杂草，因此苗期要及时中耕除草。单播的多花黑麦草草地，阔叶杂草占优势时，可用除草剂。天气干旱时要灌溉。多花黑麦草易遭黏虫、螟虫等害虫危害，要及时喷洒农药进行防治，但刈割利用前不宜喷洒。

采种：多花黑麦草种子成熟期不一致，易落粒，必须适期收获。当有70%的植株穗头变黄时，在早晨露水未干时收获，采种田一般不刈割。

三、狼尾草

杂交狼尾草主要分布于世界热带和亚热带地区。我国分布于海南、广东、广西壮族自治区、福建、江苏、浙江等省。在华南南部可以自然越冬，在江苏则须在冬季移入温室保护越冬。

杂交狼尾草喜温暖湿润气候，日平均气温达15℃时开始生长。25～30℃时生长最快，低于10℃时生长受抑制，低于0℃时间稍长则会冻死。耐旱、耐涝、耐酸性土壤，亦有一定的耐盐能力，在含氯盐达0.5%时仍可存活，但长势差。对土壤要求不严，但以土层深厚、保水保肥良好的黏土壤最为适宜。营养生长期株高1.2米时茎叶干物质中含粗蛋白质10%，粗脂肪3.5%，粗纤维32.9%，无氮浸出物43.4%，粗灰分10.2%。茎叶柔嫩，适口性好，宜刈割青饲或青贮，草食家畜均喜采食。

栽培技术：选土层深厚而肥沃的土地。春季栽植，取老熟茎秆，2～3节切为一段，或用分株苗，按行距60厘米，株距30～40厘米定植，茎芽朝上斜插，以下部节埋入土中而上部节腋芽刚入土为宜。栽植后60～70天，株高达1～1.5米时即可刈割。全年刈割4～7次。

四、苏丹草

苏丹草为禾本科高粱属牧草，苏丹草的优点是具有高度适应性，抗旱，生长快，再生性强，产量高。苏丹草属于喜温植物，温度条件是决定它的分布区域和产量高低的主要因素，在气温高、雨水多的地区生长十分繁茂。苏丹草对土壤要求不严，在微酸性的沙质土壤上也能生长，在沿海地区轻、中、重盐碱地均可栽培。

栽培技术主要包括以下几方面。

播种：播前应尽量深翻土地。在翻地的同时施入较多的基肥，播种前要进行种子清选处理。为了防止黑穗病的发生，需要40%福尔马林加水300倍稀释后进行拌种。苏丹草种子发芽要求温度较高，只有当春季土壤10厘米深处温度达10～12℃时才可播种，宜于晚霜后揎种。播种太早，地温低，种子不易萌发，幼苗易受晚霜低温危害。苏丹草多采用条播，水肥条件较好时，可窄行播种，行距 20~30 厘米，播深 4~6 厘米，如表土干燥时要进行镇压以利出苗，干旱地区宜宽行播种，行距 45~60 厘米，播种量 1.5~2 千克。收割时，播种量和密度可大一些；收种时播种量可小些，行距大些。

田间管理：苏丹草苗期生长缓慢，与杂草竞争能力弱，应及时清除杂草。苏丹草喜肥喜水，水肥条件对其能否高产关系很大。

收获：苏丹草的干草品质、营养价值和再生力，在很大程度上取决于刈割日期。从产草量看，自抽穗到成熟期，基本上无差别，但从营养成分作比较．则差异很大。刈割越早干草的饲料品质越好。调制干草最好是在抽穗前期，晚了则可食性降低。留茬高度一般 7~8 厘米。青饲时，以孕穗初期刈割为好，这时营养价值高，适口性和利用率都高。作为青贮利用时，以乳熟期为宜，这时茎秆糖分增加，尚不粗硬，易制成优质青贮料。幼嫩苏丹草的茎叶含有少量氢氰酸，但比高粱要低得多，随着核株生长，含量减少，一般无中毒危险。利用幼嫩青草青贮时，为防止氢氰酸中毒、贮前应稍加晾晒。

五、红三叶

红三叶喜凉爽湿润气候，生长最适温度为 15~25℃，能耐 -8℃ 的低温，但耐寒力不及紫花苜蓿。不耐热，夏季高温则生长不良或死亡。喜生于排水良好、土质肥沃，并富有钙质的黏壤土，适合的土壤 pH 值为 6~7.5，耐盐碱性差。开花期鲜草干物质中含粗蛋白质 17.1%，粗脂肪 3.6%，粗纤维 21.5%，无氮浸出物 47.6%，粗灰分 10.2%，其中钙离子 1.29%，磷 0.33%。

干物质消化率达61%～70%，草质柔嫩，适口性良好。

播前要求精细整地，在贫瘠土壤或未种过三叶草的土地上，应施厩肥作底肥，并用相应的根瘤菌拌种。春、秋均可播种，南方以9月份秋播为好，北方宜3月下旬春播。条播行距30～40厘米，播深1～2厘米。苗期生长缓慢，应注意中耕除草. 刈割后要及时中耕松土，以利于再生。每年可刈割2～3次，南方每年可刈割3～5次。青贮宜在初花期刈割3～5次，青饲适宜在初花期刈割，晒干草在盛花期刈割。

六、苦荬菜

苦荬菜为菊科属多年生草本植物，耐寒抗热，对土壤要求不高，产量高，品质好。其干物质中含有粗蛋白质20%～24%，含氮浸出物30%～40%，粗纤维10%～14%，粗脂肪10%～15%，粗灰分10%～17%，是肉兔良好的青饲料之一。

栽培技术：苦荬菜种子细小，播种前土地要精细耕耙，以利出苗。播种时间南方2～3月，北方3～4月，即气温10℃左右为宜。可直播，亦可育苗移栽。播后覆土1厘米左右。幼苗长到5～6片叶时移栽，行距25～30厘米，株距10～15厘米。播种移栽前要施一定的有机肥作基肥。出苗后中耕1～2次，用尿素追肥2～3次，病虫害很少，一般不用喷施农药。直播的应及时进行间苗。移栽成活后一般每半月剥叶一次，一直利用到开花期。直播的可刈割，幼苗可长至40厘米时刈割，其再生能力很强，2～3天可长出3～5厘米长的新叶。我国南方年刈割5～8次，北方3～5次。如果需要留种，只能刈割2～3次。苦荬菜叶长30～50厘米，宽2～8厘米，茎叶富含白色液汁，蛋白质含量高，质量好，最好直接鲜喂，对母兔催奶和促进仔幼兔生长有良好效果。

七、胡萝卜

胡萝卜是很好的多汁饲料，含有丰富的胡萝卜素，可在兔体内转化为维生素 A，肉质根含水分 89%、糖 10%、粗蛋白质 2%、粗脂肪 0.4%、粗纤维 1.8%。胡萝卜适口性好，消化率高，对于提高种兔的繁殖力及幼兔的生长有良好效果，是冬春缺青季节兔的主要维生素补充料。

栽培技术：胡萝卜籽实小（千粒重 1.1 ~ 1.5 克），播前应精细整地。北方寒冷地区可在 4 ~ 5 月份播种，中部地区在 7 月份，南部地区可在 8 月份播种，播前可将种子在水中浸泡 4 ~ 8 小时，滤去水，用细土或草木灰拌匀，土地要湿润。当小苗长出 2 ~ 3 片叶时，进行第 1 次间苗，5 ~ 6 片叶时，第 2 次间苗，再过 10 天可定苗。留苗的多少应根据地力而定。肥沃的土地应适当增加株距，反之应减少株距，即多留苗。生长前期遇干旱气候，要及时浇水，生长后期不宜浇水。春季播种的 7 月份可收获；秋季播种的，肉质根在 12 月下旬或 1 月上旬收获，叶片在 12 月上旬收获；青割胡萝卜可在 11 月上旬播种，第 2 年 3 月下旬至 6 月上旬，每隔 15 ~ 20 天青割 1 次，共割 4 次叶。

第八章

肉兔饲养管理技术

饲养管理技术是科学养兔的关键技术之一。兔的生长发育好坏，繁殖力与产肉率的高低，在很大程度上取决于饲养管理工作。

第一节 常规饲养管理技术

一、肉兔饲养管理一般原则

(一) 清洁卫生的饲料

喂兔必须要有足够的清洁、卫生、干净的饲料。不喂霜冻草，有露水或雨水的草应晾干后再喂，堆积发霉发黄的草不宜饲喂，带泥沙的草要应洗净晾干，发霉或带异味的精料不能喂。割草时严加挑选，有毒或施过农药的草不能割，阴沟、粪沟等易受粪便污染处的草不能割。时刻牢记"病从口入"的概念。

(二) 青料为主，精料为辅，饲料搭配多样化

农村小规模养兔要坚持以青粗料为主，营养不足的部分再补充精料、维生素和矿物质的原则。俗话说，"若要兔儿好，给吃百样草"，饲料单一，会引起营养缺乏症和食量减退，影响生长，应注意老嫩、草的种类以及精粗的搭配。一年四季都应贮备饲

料，推广种草养兔，切实搞好青饲料轮供，做到四季不断青。

（三）根据兔、饲料、市场行情和本场生产情况喂料

对于繁殖期的种兔、哺乳期母兔、弱兔、肥育后期、饲料营养水平低、兔行情高等情况下可适当增加精料用量，对于种兔在非繁殖期、气温变化、生病、换料或断奶过渡期、营养水平高、行情不好等情况下应减少精料用量。夜间满足草料、水尤为重要。

（四）喂料定时定量

定时，就是每天喂兔的时间和次数要固定，先打扫卫生，再喂料，一般说，早餐要早、晚餐要迟，使兔养成定时采食和排泄的习惯，这样在每次饲喂前，当兔的消化液分泌出现高潮、胃肠消化力提高时，就可以充分利用饲料，减少浪费。定量，就是根据兔的生长、生理需要和季节定出每天应该饲喂份量，以八成饱为最好。保证有充足、清洁卫生的水。

（五）营造良好的家兔生活环境

养兔场须建在安静、高燥之地，创造理想的温度（15～25℃），夏季防暑降温，通风换气；冬天防寒保暖，要特别防止仔兔被冻死；雨季要防潮，要保持兔舍笼干燥，一旦放晴，适当增加光照。保持家兔生活环境的稳定性，不要经常给兔搬家，以防兔食宿不安，保持舍内安静，管理动作要轻，防突然刺激，防兽害（鼠、犬、蛇）。兔笼、舍要求通风干燥、切忌闷热、阴暗、潮湿。笼、舍要坚持每天打扫卫生，清除粪便。笼底板、食具、吊箱要经常洗晒、消毒。笼、舍要定期消毒。

（六）加强运动，增强体质和抗病力

可通过减少种兔的笼养密度、增大种兔兔笼、在暖和或阳光较好的晴天将种兔放在笼外运动等方法来增加其运动量，对提高

精液品质和母兔繁殖力非常有效。

（七）按群分养，公母分笼

为了管理方便，应按用途、年龄分开饲养。幼兔 7~8 周龄时，公母分笼饲养，每笼可放 4~5 只，体重达 1.5~2 千克时单独饲养。公、母兔最好在同一兔舍内，有利于性刺激，对繁殖和生长发育均有利。

（八）饲养人员应做到会闻、会听、会看的管理技术

饲养员应随时做到闻有无不良气味（如氨味、异常兔粪味等），听兔舍内的声音（其他动物、产仔、配种、哺乳等发出的正常或异常声音），看家兔的精神状态、食欲、饮水、活动、粪便、尿液、皮毛等是否正常。

（九）坚持"预防为主"的方针

做好疫苗注射、普通病、传染病、寄生虫病防治工作。做到有病早防，有病早医，防重于治的原则。遵守防疫制度，杜绝传染病的发生。

（十）做好记录

要认真做好种兔配种、母兔产仔哺育、种兔生长发育、公兔配种繁殖等记录，有条件的兔场还要做好种兔卡片填写、兔子编号等日常工作。

二、饲养管理常用技术

（一）捉兔方法

捉兔是肉兔管理上最常用的技术，如果方法不对，往往造成不良后果。家兔耳朵大而竖立，初学养兔的人，捉兔时往往提两耳，但家兔的耳部是软骨，不能承悬全身重量，拉提时必感疼痛，这样易造成耳根受伤，两耳垂落；捕捉家兔也不能倒拉它的

后腿，家兔善于向上跳跃，不习惯于头部向下，如果倒拉的话，则易发生脑充血，使头部血液循环发生障碍，以致死亡；若提家兔的腰部，也会伤及内脏，较重的家兔，如拎起任何一部分的表皮，易使肌肉与皮层脱开，对兔的生长、发育都有不良影响。因此，捉兔的基本要求是：人要保持镇静，勿使兔子受惊。先用右手按摩兔子头部、背部，再正确捉抓。

正确捉兔法：青年兔、成年兔应一手抓住耳朵及颈部皮毛提起，另一手托住臀部，注意让兔子面向外，避免抓伤人；幼兔应一手抓颈背部皮毛，一手托住其腹部，注意保持兔体平衡；仔兔最好是用手捧起来。成年兔、商品兔捉兔方法见图8-1，妊娠母兔捉兔方法见图8-2。

错误的操作：包括抓耳朵，家兔既不老实，又会伤及耳根并使其下垂；抓腰部，会伤及内脏，也会使表皮与肌肉脱开；提后腿，易脱手摔死，或造成兔子脑溢血；抓尾巴，易抓掉兔尾巴。

图8-1　成年兔和商品兔捉兔方法示意图

图 8 - 2　妊娠母兔捉兔方法示意图

（二）性别鉴定

（1）初生仔兔性别鉴定

①阴孔观察法：可根据初生仔兔阴部孔洞的形状、大小和距离鉴定性别。公兔阴孔圆形，略小于肛门，洞口向前，距肛门较远（图 8 - 3）。母兔一般阴孔扁形、较大，大小与肛门相近，距肛门较近（图 8 - 4）。

②翻阴鉴别法：将仔兔轻轻握在左手心，右手拇指相食指及左手拇指分别放在仔兔阴孔上部两侧，轻轻往两侧掰裂，阴孔便呈现特有的形状，呈"O"形上举者为公兔（一般黏膜颜色较淡）（图 8 - 5），呈"V"形（两片花瓣状）的为母兔（一般黏膜颜色较深红）（图 8 - 6）。

（2）断奶仔兔和幼兔性别鉴定　断乳前后仔兔，睾丸尚未落入睾九。此时仍采用外阴鉴别法。左于抓住兔子的双耳，右手食指和中指夹住尾根，往外翻转用力，大拇指放于外阴前缘，往前下方按压，使外阴黏膜外翻。口部呈圆形上举者为公兔，呈尖叶状裂缝，其下缘接近肛门者为母兔。

图 8 - 3　阴孔观察法（公兔）

图 8 - 4　阴孔观察法（母兔）

　　（3）青年兔、成年兔性别鉴定　此时公、母兔均已性成熟。公兔睾丸已坠落到腹股沟下，阴囊已形成，按压外阴孔，可露阴茎。母兔外阴呈尖叶状，下缘与肛门接近。均比较容易鉴别，但

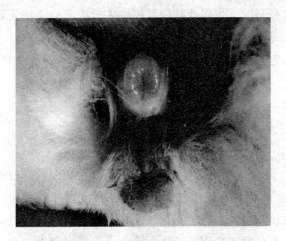

图 8 – 5 翻阴鉴别法（公兔）

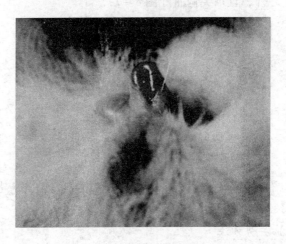

图 8 – 6 翻阴鉴别法（母兔）

应注意隐睾兔和间性兔。

（三）打耳号

常用工具有耳号钳、耳号戳和蘸水笔。以耳号钳效果最好。

耳号钳打耳号时，先将欲打的号码按先后顺序一一排入耳号钳内并固定。耳号一般打在耳内侧上方 1/3～1/2 处，避开大的血管。打前先消毒，再将耳朵放入耳号钳中间，使号码对准欲打部位。然后按压手柄，用力适度，使号码针尖刺透表皮，刺入真皮，但不刺穿耳壳，使血液渗出而不外流为宜。刺号之后，立即涂擦醋墨（黑墨汁加入 1/5 的食醋）。

（四）年龄鉴定

（1）看脚爪 对白色兔可根据脚爪红色和白色部位的长短来判断。1 岁以内红色比白色长；1 岁左右红色与白色相近；1 岁以上的红色比白色短，白色越长或发黄且弯曲变粗有钩，则表示年龄越老。有色青年兔脚爪较短而平直，且隐在脚毛中；老年兔则露出脚毛之外，且爪尖钩曲（图 8-7）。

图 8-7 家兔年龄鉴定（兔爪）

1. 青年；2. 壮年；3. 老年

（2）看门齿 1 岁以内的门齿短平、洁白、整齐；老龄兔的门齿黄暗、厚而大、稀疏、排列不整齐，有的有缺损。

（五）去势方法

为了提高兔肉产品质量和增加养殖经济效益，除少数留作种兔外，其余公兔均在 2～3 月龄作去势手术。这样做既可避免公兔群养时性成熟后殴斗撕咬，造成损伤，又节省饲料，促进生长。其方法有如下 3 种。

（1）阉割法 阉割前先剪短阴囊附近的长毛，使兔子腹部朝上，术者用左手将睾丸从腹股沟管挤入阴囊，并用食指和拇指捏紧固定，用2%的碘酒消毒切口处，然后用消毒后的去势刀沿睾丸方向垂直切开1厘米左右，挤出睾丸，切断精管，再用碘酒消毒止血。放入消毒过的清洁兔笼中饲养，2～3天后即可愈合伤口。

（2）结扎法 一般采用普通橡皮筋或丝线结扎睾丸，术者先用碘酒消毒阴囊皮肤，然后用左手两指捏住睾丸。用橡皮筋或丝线将2个睾丸连同阴囊一起扎紧，阻断睾丸部分的血液循环，经10天左右睾丸部分就会枯萎脱落。

（3）化学法 将10克氯化钙溶于100毫升蒸馏水中，再加1毫升甲醛溶液，摇匀过滤后，即可装瓶备用。然后将3月龄需去势的公兔阴囊前方用碘酒消毒后，视公兔体积大小每个睾丸注入1～2毫升备用药液即可。注射后睾丸开始肿胀，3～5天后自然消退，7～8天后睾丸明显萎缩。

（六）饲喂方法
肉兔的饲喂方法有分次饲喂、自由采食和混合饲喂3种。

（1）分次饲喂 长期采用这种方法可以使兔养成良好的进食习惯，胃肠有规律地分泌消化液，利于饲料的消化和营养物质的吸收，同时可以使兔习惯于在短时间内采食完所给饲料。采用分次饲喂要掌握饲喂量的大小，一般15分钟内采食完的饲料为一次饲喂适宜量（颗粒饲料）。同时还要根据兔的品种、体型、季节、健康状态等灵活掌握。由于幼兔比较贪吃，而且消化酶系发育和肠道微生物区系定植不完全，所以幼兔多采用分次饲喂的方法，以防消化道疾病的发生。

（2）自由采食 颗粒饲料通常使用自由采食方式。兔笼中经常备有饲料和饮水，让兔随时吃食和饮水。集约化兔场大多采用自由采食的饲喂方法，根据饲槽的大小，1 天添加一次饲料。

（3）混合饲喂　是将家兔的饲粮分两部分，一部分是青饲料和粗饲料，采用自由采食的方法；另一部分是颗粒饲料，采用分次饲喂的方法。目前，我国大部分农村养兔普遍采用混合饲喂的方法。根据家兔的采食习性，在饲喂时要做到少给勤添，不要堆草堆料，在喂鲜青料为主的基础上适当补全价颗粒饲料，每天至少要饲喂 5 次，即一般 2 次精料和 3 次鲜青饲料。

第二节　肉兔饲养方式

肉兔的饲养方式多样，但饲养方式大致上分为 4 种，即放养、栅养、洞养和笼养。前 3 种为传统养兔方式，后 1 种为现代养兔方式。养殖场可根据自己管理能力和兔场的定位方向选择合适的方式，获得较高的经济效益。

一、野外放养

野外放养是把肉兔长期在饲养场上放牧，让兔自由活动、采食和配种繁殖。这种方式是最粗放的一种饲养方式，适合于有天然屏障的草地上或林下饲养商品肉兔。

选择好肉兔放养场址是先决条件。放养场地以具有丰富植被的山坡地最为适宜。植被以灌木、杂草、树林相间为宜。地势较为平坦，便于管理。有水源，无污染，用水方便。放养区域可大可小，因地制宜，放养密度按每兔平均 5 米^2 较为适宜。四周用网片围栏高 2 米以上，防止家兔逃逸及其他野兽进入。其次对选好的场地有针对性的改造。在场内能种草的地方尽量种上牧草，如黑麦草、苜蓿草、三叶草、苦卖菜、菊苣等。种植成片的灌木，有利于肉兔遮阳和隐蔽。在山坡的背风处隔几米砌兔窝或放置陶瓷坛子，供兔子藏匿用。在兔窝附近的平坦处搭棚，设喂料点。

饲养管理注意事项：a. 放养可按批次"全进全出"生产商品肉兔，选择45～50日龄、健壮并已进行严格的免疫接种的幼兔投放。如果在放养场自繁自养的，要严格控制放养密度，当密度过大时，要及时销售或捕杀。b. 按时喂水、喂料，定期检查放养兔的生长发育情况。c. 防止围栏网片破损，肉兔走失，防止猫、狗、鹰等天敌入侵。d. 家兔喜好乱啃树皮，要用灰浆涂树干部保护树木。e. 有条件的地方可以采取轮休放养的办法，缓解牧草放牧过度，以免造成不良后果。f. 注意做好恶劣天气的防范工作。发现生病的肉兔，要及时隔离、治疗；已死亡的病兔要及时做无害化处理，切不可乱扔乱弃，以免引起疫情。g. 合理使用消毒药品，以免引起兔群不适和环境污染。

野外放养可以节省劳动力、饲料成本，但容易使兔群近亲交配频繁，致使品种退化，且易受敌害侵袭。

二、栅栏群养

栅栏群养是在室外空地或室内用竹片、木棍或铁丝网周围栅圈，一般每圈占地8～10米^2，可以养兔20～30只。这种方式对饲养商品肉兔比较合适，不适合养种公兔和繁殖母兔。

对栅栏群养的场要求不高，可综合利用闲置空房（如农村学校、猪场、加工房、住房、废弃厂房等），每小间作为一个饲养单元，不专门修建兔笼，在地上放置罐子或单个兔笼，单独设食槽、水盆、草架。如为室外场地，可根据具体的地形进行设计，一般要在场地周围用砖或其他材料建设围墙，防止兔逃跑，防兽害。场内要求搭一矮棚，供兔遮阳、避雨。棚内设置食槽、水盆、草架。栅栏群养按 1 只兔占地 $1.0 \sim 1.5$ 米^2 规划设计。

饲养管理注意事项：a. 清洁卫生是关键，随时清扫粪便，消毒杀菌。b. 如为室内场地，要严格控制养殖区域湿度，地面铺干草，定时更换；有条件的养殖场，最好是在地面上铺隔粪板或离地一定高度的网架，以减少疾病传染，特别是寄生虫感染。c. 严格控制饲养密度，密度过大要及时调整和处理。d. 做好防疫接种和兔病预防工作，每天须仔细观察，及时发现病兔，立即隔离，严防波及全群。e. 按时投喂饲料，保证清洁的饮水。

三、洞穴饲养

洞穴饲养是把兔群饲养在地洞里，适于高寒、干燥地区使用。洞穴饲养简单方便、生产效率高。每群可以饲养 $20 \sim 30$ 只。不足之处是洞穴清扫和消毒起来不方便，容易感染各种疾病；梅雨季节时洞穴内容易潮湿。

挖洞穴是此饲养方式的关键环节。一般选择离公路、生活区 2 千米以上交通方便、水源充足、排水良好、朝南向阳的山坡，且斜坡坡度在 45° 左右的沙壤土作洞穴养兔场地。首先靠坡挖一块 2 米宽的平地，依土坡面盖宽 1.5 米、高 2 米的棚舍，作为饲养管理场所，也可以不盖棚，只在洞穴口上方盖简易的小棚顶，有利于遮风挡雨就行，但要注意做好防寒保温工作。然后在坡面上距离地面 30 厘米挖洞穴，洞穴间隔宽度为 $45 \sim 50$ 厘米，洞穴内宽 45 厘米、高 30 厘米、深 60 厘米，在洞口处用砖块砌一道墙直至洞顶，中间留一个母兔能轻松出入的小口。洞穴内供母兔休息和产仔，晚间避寒。由于土洞冬暖夏凉，有利于防寒防暑，适应家兔的生长。当仔兔断奶后要转到育成洞穴饲养。洞穴布局视坡面高度而定，可按"品"字形交错挖 2 层或梯形挖 3 层洞穴，形成一排上下交错的洞穴群，这样便于上两层兔排粪尿，长度视饲养规模大小而定。为防止土坡渗水，可在距坡面 1.5～2 米处挖一条与坡面平行的排水沟。

饲养管理注意事项：a. 初次投放，以产前 3 天的妊娠母兔为宜，在管理区放柔软的干草或棉絮，让其衔入洞穴内做窝。事先应准备好清洁而温热的淡盐开水或葡萄糖水，也可多放些多汁饲料，以满足产后母兔对水的需要，避免母兔产仔后因口渴一时找不到水喝，跑回洞穴内吃掉仔兔。b. 断奶后仔兔公母分开，转到育成洞穴，进行育成饲养。各窝仔兔并群前应进行并群调教，避免并群后因发生打斗造成不应有的损失，确定兔群不会打斗的情况下才能进行并群，转入正常饲养。c. 注意清洁卫生，及时清理出土洞穴内剩余的饲料、青草和粪便，保持洞穴内卫生、清洁、干燥。d. 按时补饲全价饲料和青绿饲料，保证清洁的饮水。e. 做好洞穴内、管理区和消毒工作，按时做群体免疫接种，重视疫病防控。

四、笼舍饲养

笼舍饲养指把家兔放在专门制作的兔笼内饲养，此种饲养方法经济效益好，适于各种用途的家兔，特别是种兔。

笼养分为室内、室外 2 种。室外笼舍，比室内笼舍造价低。由于这种笼舍是露天饲养，使家兔在寒冷和炎热的条件下受到锻炼，形成生活力强的优良性能。同时兔舍通风良好，常受日光照射，不利细菌繁殖，疾病较少。此方式适于农村小规模养殖场。

室内笼舍可人工控制环境，生产性能充分体现，保持品种的优良特征，造价高，尤其是目前价格不定，经济效益不稳定，但原种场应该建设有封闭式或半封闭式。

笼养的优点是：由于笼位可以立体架放，能大节省土地和建筑面积，特别是在强制通风的情况下，可以提高饲养密度，便于机械化与自动化生产；可以控制配种繁殖，有利于选种选配；可定时定量供料，便于饲养管理；通风换气快，且清洁卫生，便于防病、隔离治病，减少疾病传染；有利于提高肉兔的生产性能，经济效益好。缺点是：设备造价高，家兔运动量不足。此种方式适于大、中型肉兔养殖场。

笼舍饲养是目前使用最多的肉兔养殖方式，饲养管理参见本章第三节中相应内容。

第三节　不同生理阶段肉兔饲养管理

对不同经济作用、不同生理状态下的肉兔应进行不同的饲养管理，可以最大限度的获取所需要的兔产品。

一、种公兔饲养管理

饲养种公兔的目的在于配种、繁殖，以获得更多的质优的后代。种公兔对后代的影响要比母兔大得多，其优劣对兔群质量影响很大。因此，养好种公兔意义重大。

（一）配种期的饲养管理

（1）饲料营养要全面、均衡　种公兔的饲养水平会直接影响到配种能力和精液品质。因此，在饲养上要注意营养的全面性和长期性，特别是蛋白质、维生素、矿物质等营养物质，对保证精液数量和质量有着重要作用。

①蛋白质：种公兔日粮中蛋白质丰富，则性欲旺盛，精液品质良好，精子密度大、活力强，母兔配种后受胎率高。生产精液必需的氨基酸有色氨酸、胱氨酸、组氨酸、精氨酸等。不仅制造精液需要蛋白质，而且在性功能的活动中，如激素、各种腺体的分泌物以及生殖系统的各器官也随时需要蛋白质加以修补和滋养。日粮中蛋白质不足则会导致种公兔性欲低下，精子的数量和质量降低。所以，饲养种公兔应从配种前 2 周起到整个配种期间，每天可补喂炒后煮熟的黄豆 10~20 粒或豆饼、蚕蛹、苜蓿等，就能保证整个配种期的精液的品质和受胎率。

②矿物质：矿物质对公兔的精液品质也有明显影响，特别是钙，亦为制造精液所必需。如果日粮中缺钙，则精子发育不全，活力降低，配种时出现四肢无力等症状。日粮中有精料供应时，一般不会缺磷，但要注意钙的补充，钙磷比例应为（1.5~2）：1。如在精料中能经常供给 2%~3% 的骨粉、蛋壳粉或贝壳粉，就不会出现钙、磷缺乏症。

③维生素：维生素与公兔的配种能力和精液品质有密切关系。青绿饲料中含有丰富的维生素，所以一般不会缺乏，但冬季青绿饲料少，或常年饲喂颗粒饲料而不喂青饲料时，容易出现维生素缺乏症。特别是缺乏维生素 A 时，会引起公兔睾丸精细管上皮变性，精子数减少，畸形精子数增加。如能及时补喂青草、菜叶、胡萝卜、大麦芽或多种维生素，就可得到纠正。

（2）配种强度要恰当 要充分发挥种公兔的作用，应掌握合理的配种强度。首先，种公兔的初配年龄和使用时间要科学。肉兔一般 3~4 月龄性成熟，6~7 月龄才能达到配种年龄；种公兔一般在 7 ~ 8 月龄第 1 次配种，使用年限为 2 年，特别优良者最多不超过 3 ~ 4 年。其次，保持合适的公母比例结构是种公兔管理技术的重要内容。在大中型兔场，每只公兔固定配母兔以 10 ~ 12 只为宜。在种公兔群中，壮年公兔和青年后备公兔应保持合适的比例，一般壮年公兔占 60%，青年公兔占 30%，老年公兔占 10%。再次，在配种旺季不能过度使用种公兔。青年公兔每日配种 1 次，连续 2 天休息 1 天；初次配种公兔实行隔日配种法，也就是交配 1 次，休息 1 天；成年公兔每日可交配 2 次，连续 2 天休息 1 天；每天配种两次时，间隔时间至少应在 4 小时以上。最后，采取正确的繁殖法。密集繁殖又称"配血窝"或"血配"，即母兔在产仔当天或第 2 天就配种，泌乳与怀孕同时进行。采用此法，繁殖速度快，但由于哺乳和怀孕同时进行，易损坏母兔体况，种兔利用年限缩短，自然淘汰率高。建议兔场在"春繁"和"秋繁"结合密集繁殖、半密集繁殖配种，其他时间应以延期繁殖为主。

（3）饲养管理要精心　公兔群是兔场最优秀群体，应特殊照顾，提供理想的生活环境（清洁卫生、干燥、凉爽、安静等），应减少应激因素，适当增加活动空间。笼养公兔要定期运动，至少每周要运动 2 次，每次运动 1 小时左右。若舍内阳光不足，则应定期把公兔放在阳光充足的场地上，以增强体质和提高性欲。

夏季防暑是养好公兔的首要任务，当舍温超过 25℃ 时，精子的活力下降；当舍温高达 30℃ 时，就会引起精子减少、密度降低，畸形精子率升高，出现"夏季不育"。为使种公兔安全过夏，种公兔舍应采取屋顶喷淋、增加冷热空气对流或通过兔场植被绿化等降温，有条件的场（户）还可在兔舍内安装空调。为缩短"夏季不育"恢复期可通过增加营养水平（蛋白质、矿物质、微量元素和维生素等），也可添加抗热应激添加剂。

　　饲养过程中禁止2只种公兔同笼饲养，也不应将种公兔与母兔或其他兔同笼饲养，公兔笼最好远离母兔笼，以保证公兔休息，减少体力消耗。

　　按家兔疫病的防疫计划和程序进行预防接种和驱虫。平时多观察，发现公兔精神不振，食欲减退或粪便异常、生殖器官炎症等，应停止配种，查明原因，隔离治疗；对患有生殖器官疾病的种公兔要及时治疗或淘汰。春、秋两季换毛期间，配种次数应适当减少，注意增加矿物质和动物性饲料，以尽量延长使用年限。如发现食欲不振，粪便异常，精神萎靡，应立即停止配种，采取防治措施。

　　（二）非配种期的饲养管理

　　种公兔过肥或过瘦都会影响配种，甚至失去种用价值。非配种期是种公兔恢复体况的时期，这一时期种公兔不参与配种，没有负担，因此饲料应保持中等营养水平，使其体况保持不肥不瘦的状态。种公兔应实行限制饲养，防止体况过肥而导致配种能力差、性欲降低和受胎率低。一般可通过对采食量和采食时间的限制来进行限制饲养。一种是自由采食配合料，每只公兔每天的饲喂量不要超过150克；另一种是料槽中一定时间有料，其余时间只给饮水，一般料槽中每天的给料时间为5小时左右。种公兔不宜饲喂过多能量和体积较大的秸秆粗饲料，或含水分较高的多汁饲料，要多喂含粗蛋白质和维生素类丰富的饲料。如高能量饲料喂得过多，就可能导致种公兔过肥，引起性欲减退，精液品质下降，影响配种期的受胎率。喂给大量体积较大的青粗饲料，就可能导致腹部下垂，俗称"草腹"，引起配种困难。

　　非配种期饲养标准为：饲料含消化能9.5～10.5兆焦/千克，

粗蛋白质含量 12%～14%，粗脂肪 2%～3%，粗纤维 14%～16%，供给足够的维生素和微量元素。每天喂给配合饲料 80～120 克，搭配青绿饲料 800～1 000 克。冬季要补充一些多汁青绿饲料，若青绿饲料少，必须在颗粒饲料中添加双倍量的复合维生素，一是弥补颗粒料中的损失，二是满足种公兔的营养需求。要始终保持饲草饲料的清洁卫生，不喂霉烂变质，挟带泥浆、露水、冰块或被粪便污染的饲料。

二、种母兔饲养管理

种母兔是兔群的基础，饲养的目的是提供数量多、品质好的仔兔。种母兔的饲养管理比较复杂，因为母兔在空怀、妊娠、哺乳阶段的生理状态各不相同，因此，在饲养管理上也应根据各阶段的特点，采取不同的措施。

（一）空怀期母兔饲养管理

空怀种母兔是指幼兔断奶后至再次配种妊娠前这段时间的母兔。由于母兔在哺乳期消耗了大量养分，体质瘦弱，此期饲养管理的关键是补饲、催情，通过日粮的调整，使母兔在上一繁殖周期消耗的体能尽快恢复，以使母兔发情，进入下一繁殖周期。

为防母兔过于肥胖，使母兔能正常发情、排卵和妊娠，降低胚胎在附植前后的损失，母兔应多喂些优质青绿多汁饲料。空怀母兔应保持七八成膘的适当膘情，过肥或过瘦的母兔都会影响发情、配种。要适时调整日粮中蛋白质和能量水平，对过瘦的母兔应增加精料喂量，迅速恢复体质；对过肥的母兔要减少精料喂量，增加运动。

要保持兔舍内空气流通，兔笼及兔体清洁卫生，要有充足的光线，以促进机体的新陈代谢，保持母兔性机能的正常活动。此段时间每天的光照可达 14 小时，光照强度为每平米 4 瓦左右，电灯泡高度 2 米左右，以利于发情受胎。

对膘情正常但发情不明显或不发情的母兔，在改善饲养管理条件的同时，可采用异性诱导法或人工催情的方法使其发情。

在一般情况下，为了提前配种、缩短空怀期，可多饲喂一些青饲料，增加维生素含量，饲喂一些具有促进发情功能的饲料，如鲜大麦芽和胡萝卜等。在配种前 7 ~ 10 天，实行短期优饲，每天增加全价料 25 ~ 50 克，以利于空怀母兔早发情、多排卵、多受胎和多产仔。

（二）妊娠期母兔饲养管理

妊娠母兔除维持本身营养需要外，还要供给胎儿营养。特别是青年母兔，仍处在生长阶段，除供给胎儿正常生长发育的营养需要外，还要供给自身生长的需要。因此，供给母兔全价的营养才能满足这些需要。妊娠前期（1 ~ 15 天）胎儿处在发育阶段，主要是各种组织器官的形成阶段，增重占整个胚胎期的 1/10 左右，对营养物质数量的要求不高，应注意饲料的质量。一般按空怀母兔的营养水平供给即可。15 天后应逐渐增加精料喂量。从妊娠 19 天到分娩这段时间，胎儿处于快速生长发育阶段，增重加快，精料应增加到空怀母兔的 1.5 倍。同时要特别注意蛋白质、矿物质饲料的供给。矿物质缺乏时，易造成母兔产后瘫痪。临产前 3 ~ 4 天要减少精料喂量，以优质青粗和多汁饲料为主，以免造成母兔便秘和死亡，或难产及产后患乳房炎。母兔分娩 2 ~ 3 天后要逐渐将精料增加到哺乳期的标准和饲喂量。

怀孕母兔的管理工作主要是做好护理，防止流产，流产一般在怀孕后 15 ~ 25 天。引起母兔流产的原因有 3 个方面：一是机械性刺激，包括捕捉方法不当、惊吓、不正确地摸胎、挤压等；二是营养不足，包括饲料营养水平低、饲料营养不全面，突然改变饲料成分，或饲料霉变、冰冻等；三是多因患兔瘟、兔巴氏杆菌病、魏氏梭菌病等传染病或肠炎腹泻等肠道疾病而引发流产。因此，妊娠母兔必须 1 兔 1 笼，防止挤压和冲撞；不要无故捕捉，摸胎检查时动作要轻；饲料要清洁、新鲜，营养要充足、全面，不喂冰冻、变质饲料；兔舍要注意通风干燥、清洁卫生，并保持兔舍安静；如果发现有流产征兆，应及时注射黄体酮保胎。

临产前 2~3 天要准备好产仔箱，清洗消毒后铺垫一层干燥、柔软的垫草，临产前 1~2 天把产仔箱放入妊娠母兔笼内，供其拉毛。对不会拉毛的要进行人工辅助拉毛，这样可以刺激乳腺分泌乳汁，但不要拉伤母兔皮肤，以免引起乳房炎。产房要有饲养员看守，冬季注意保温，夏季注意防暑；产仔时要给母兔准备好温的红糖水、青绿饲料，以免母兔因口渴误食仔兔。

（三）哺乳母兔饲养管理

母兔哺乳期间是负担最重的时期，饲养管理的好坏对母兔、仔兔的健康都有很大影响。

母兔产仔后喂完第一次奶后，把产仔箱从母兔笼中取出，实行母仔分开饲养。这种哺乳方法可了解母兔的泌乳情况，防止仔兔吊奶；掌握母兔发情情况和及时配种；避免母仔争食，增强母兔体质；避免仔兔吞食母兔粪便，降低球虫病发病率等。

母兔在哺乳期间，应喂给专用哺乳母兔全价饲料，并根据仔兔的周龄，随时调整母兔饲料的用量。此外，还可喂给母兔易消化、营养丰富、清洁、新鲜的青绿饲料。为考察母兔、仔兔营养供给情况，可将母兔与仔兔分别称重。前 3 周每周称重 1 次。若仔兔能正常发育，则生后 1 周龄的仔兔比初生的仔兔体重增加 1 倍，第 2 周龄在第 1 周龄的基础上又增加 1 倍，第 3 周龄又在第

2周龄的基础上增加1倍。如果仔兔体重增长情况符合这个规律，母兔体重也不下降，则说明母、仔生长良好。否则，说明饲料配合不当，应立即增加营养丰富的优质饲料。

从初生到20日龄，每天喂1~2次奶，20日龄后每天可只喂1次奶，每次喂奶时间10~15分钟。喂奶前要认真检查母兔喂奶情况，发现母兔奶水过多、过少、过干、过稀，或者母兔不愿意喂奶等情况要及时处理。对乳水不足的母兔必须及时催乳。可将炒黄豆和花生米用水泡开、煮熟，然后取15~20粒喂母兔。喂奶时如发现乳房有硬块，乳头有红肿、破伤情况，要及时治疗。预防乳房炎需在产前2~3天开始减少混合精料，补加青绿或多汁饲料，产后3~4天再逐渐增加精饲料。也可提前在饲料中添加预防乳房炎的药物饲喂。喂奶时同时检查产仔箱内仔兔粪尿情况，如产仔箱内保持清洁干燥，很少有仔兔粪尿，而且仔兔吃得很饱，说明哺乳正常；如尿液过多，说明母兔饲料中含水量过高；粪便过于干燥，则表明母兔饮水不足；如果饲喂发霉变质饲料还会引起下痢和消化不良。

三、仔兔饲养管理

仔兔的适应能力和抵抗力都较差，饲养管理的任何疏忽，都会造成仔兔的死亡，从而降低养兔的经济效益，所以要加强管理，提高仔兔的成活率。

（一）影响仔兔成活率的因素分析

仔兔养殖中存在的最大问题就是不按规程进行饲养管理，防护不周，导致仔兔死亡。其主要原因有以下几个方面。

（1）保温措施不当 如母兔产仔时无人值班，仔兔被产在窝外，母兔又不拉毛覆盖，2小时左右就会把仔兔冻死。如果保温方法不当，会导致保温箱内温度过低而冻死或窝中太热出现汗蒸窝。兔窝冷热不均，出现感冒拉稀。

（2）母兔异食癖　临产前母兔受到惊吓而导致产生异常反应，将自己所产仔兔吃掉。有的血配母兔由于分娩后立即配种，怀孕后会出现拒绝哺乳，甚至咬死仔兔的现象。由于产后口渴再加上没有及时提供饮水，而将仔兔吃掉。

（3）猫鼠危害　仔兔出生7天内，是防止猫鼠进入兔舍危害仔兔的关键时期，如管理不善，极易导致猫、鼠咬死、咬伤仔兔。

（4）饿死和压死　母兔泌乳性不强，泌乳量太少，仔兔吃不饱而饿死。母兔拒绝哺乳而使仔兔饿死。母兔母性不强，哺乳时睡在仔兔上面导致仔兔死亡。

（5）病死　仔兔吃了患乳房炎的奶汁后发生急性肠炎、下痢，排出腥臭的白色或黄色粪便，不久就会导致仔兔死亡；如果仔兔患有球虫病、兔瘟病等，治疗不及时也容易引起仔兔死亡。

（6）意外死亡　由于兔舍太高、笼门关闭不严，仔兔从笼里掉到地上摔死或是在笼门处被夹死。因垫草过于柔软、韧性大，仔兔缠绕其中而致死。笼底板过稀导致骨折而死。

（二）仔兔"抓三关"饲养管理

从出生到断奶这一时期的小兔称为仔兔。加强仔兔的管理，提高成活率，是仔兔饲养管理的目的。仔兔管理主要是抓三关：初生关、开食关和断奶关。

（1）初生关　除保证孕兔妊娠和泌乳期的营养水平外，一是记准分娩时间，做好接生准备；二是仔兔出生后及时让其吃足初乳，采用强制哺乳、人工哺乳和寄养等措施，实行母仔分养，按时哺乳；三是切实做好仔兔保温防冻、防压、防吊乳、防鼠害，确保母仔安静舒适的生活。

①及时吃足初乳。初乳营养丰富，还含有免疫球蛋白，应让仔兔在产后 1 小时内吃足初乳，使其生长发育快，体质健壮。

②注意保温。仔兔生后 1～5 日龄最适宜的温度为 30～32℃，5～10 日龄为 25～30℃。根据不同季节有所变化，其判断标准是：如果仔兔往中间挤成一团说明温度偏低，如果仔兔往保温箱边缘靠则说明温度偏高。防止过冷或出现"热蒸窝"，夏天应减少垫草和盖毛，每天用手拨弄仔兔活动 1～2 次。

③每天定时喂奶。每天 1～2 次，每次 3～5 分钟。如果仔兔腹部圆胀，肤色红润，被毛光亮，则说明仔兔吃饱；饥饿则表现出皮肤皱褶，腹部瘪陷，肤色发暗，毛色枯燥无光，用手摸仔兔头向上窜跳，并发出"吱吱"叫声，发现问题后应立即解决。防止母兔喂奶时受到突然惊吓而出现的"吊乳"现象。

④仔兔急救。对产后窒息的仔兔，将其放在手掌上，腹部朝天，通过伸屈手指数次，至仔兔开始自动呼为止，这叫人工呼吸法；也可通过短时间的冷刺激后，使其全身颤动，再进行人工呼吸。对于产后冻僵的仔兔，可将受冻仔兔浸入 32～40℃热水中，头部、鼻孔和嘴露出水外，然后用手揉动兔体使其活动，10 分钟左右仔兔开始蠕动，发出叫声即可取出，拿毛巾擦净仔兔身上的水放入巢箱保温，也可用人的体温、毛巾包裹取暖、兔体互暖等急救。

⑤仔兔寄养。把同窝多的仔兔和母乳不足的仔兔部分寄养给母乳好、产仔少的母兔。如没有可寄养的母兔，则要淘汰体型小的和部分雄性的仔兔。寄养所选择的保姆兔必须有充足的奶水供给；并且供仔兔和保姆兔的分娩日期相差不应超过 3 天；此外还要将寄养兔身上粘着的原巢内的兔毛和垫草等杂物清除干净，并

涂上保姆兔的尿液，然后放入保姆兔的巢内，经过 2~3 小时后，再将保姆兔放回笼内。必要的时候，也可进行人工哺乳。

⑥实行强制哺乳。强制哺乳是将母兔固定在巢箱内，然后将仔兔安放在母兔乳头旁，让其自由吮吸，每天进行 1~2 次，连续 3~5 天后，大多数母兔就会自动哺乳。

⑦人工哺乳。如果仔兔出生后母兔死亡、无奶或患乳房炎等疾病不能哺乳或无适当母兔寄养时，可采取人工哺乳。人工哺乳可用牛奶、羊奶或炼乳等代替。喂时可用注射器，任其自由吮吸。

⑧人工帮助开眼。对 15 日龄仍不能睁眼的仔兔，应用 2% 的硼酸水或眼药水滴在其眼缝上，浸润片刻，用两手指在眼缝两侧轻轻向外拉，即可使仔兔开眼。

⑨母仔分笼饲养。仔兔开食后，为了保证健康，应采取母仔分笼饲养。避免仔兔误食母兔粪而感染寄生虫或其他疾病的垂直感染。也有利于培养仔兔独立生活能力，减少断奶应激。同时也有利于母兔断奶后发情。

⑩防止鼠害。生后 1 周的仔兔易受鼠害，1 只老鼠可连续咬死几只仔兔。应把兔笼做严密些，避免老鼠进入。可采取诱捕和毒杀的办法消灭老鼠。

（2）开食关 母兔的泌乳量是有限的，随着仔兔的生长，仅靠母乳不能完全满足仔兔对营养的需求，必须给仔兔补料。

仔兔在开眼后 3 天，即出生 15~18 日龄时，白天将仔兔转入仔兔笼中饲养，晚上再放回产仔箱。喂奶将母兔放在笼中，哺乳后多带一会仔兔，母兔吃饲料时仔兔也会模仿母兔采食。一般 3~4 天便自己试吃牧草和饲料，至 28 日龄时，可正式喂颗粒饲料。从 28 日龄到完全断奶前的这段时间，仔兔主要靠吃饲料来维持生长的需要,采取"少量多餐"饲喂方法供给仔兔饲料。

开食期内应加强兔笼的打扫和消毒工作,减少仔兔感染球虫病的机会。补喂的饲料应加氯苯胍等抗球虫药,预防球虫病。

(3)断奶关 仔兔断奶的时间根据具体情况确定,一般从28~45日龄,小型兔体重达500~600克,大型兔体重达1 000~1 200克。过早断奶,仔兔的肠胃等消化系统还没有充分发育,对饲料的消化能力差,生长发育会受影响。但断奶过迟,仔兔长时间依赖母乳营养,消化道中各种酶形成缓慢,导致仔兔生长缓慢。同时,对母兔的健康和每年繁殖窝数也有直接影响。

①一次断奶法:这种断奶法是断奶前3天减少哺乳母兔饲粮的日喂量,到断奶日龄时一次将仔兔与母兔全部分开。此种断奶法的优点是省工省时、便于操作,多被兔场所采用;缺点是会引起仔兔应激和母兔烦躁不安。

②分批断奶法:这种断奶法是将一窝中体重较大的仔兔先断奶,弱小的仔兔继续哺乳一段时间,以便提高断奶体重。但此种断奶法的缺点是会延长哺乳期,影响母兔的繁殖成绩,目前多不采用。

四、幼兔饲养管理

从断奶到3月龄的兔称为幼兔。幼兔具有生长发育快、消化机能和神经调节机能尚不健全、抗病力差等生理特点,同时还要经受断奶和第1次年龄性换毛给机体带来的巨大影响,所以幼兔阶段是各类家兔死亡率最多的时期。如果饲养管理不当,不仅影响幼兔成活和生长发育,还关系到良种特性是否充分发挥。实践证明,兔群的发展、质量的提高,很大程度上取决于幼兔阶段的饲养管理水平。

（一）影响幼兔成活率的因素分析

（1）球虫　球虫发生的环境条件是：温度20℃以上，湿度在55%以上。因此，在5～9月是高发季节，1～3月龄的幼兔是主要的受害者，感染率可达100%，死亡率可达到50%～80%。肠球虫还往往继发感染大肠杆菌、魏氏梭菌、肠炎等消化道疾病，增加治疗难度。

（2）兔瘟　兔瘟是导致幼兔死亡的主要疾病，凡养兔就必须在仔兔25日龄或断奶后注射兔瘟巴氏杆菌疫苗，再在3月龄时注射一次兔瘟巴氏杆菌疫苗，以后每隔6个月注射一次。兔瘟应积极地以预防为主。

（3）拉稀、胀肚　原因之一是饲料配比不当，如果饲料粗纤维不足和能量蛋白质比过高或原料选择不当，可导致家兔胃肠道蠕动不足，盲肠异常发酵，引起拉稀、胀肚。原因之二是环境与气候变化，家兔处于亚健康状况下，环境不良与气候变化（骤冷骤热），会导致家兔消化能力和抵抗力降低而发生拉稀、胀肚。原因之三是由于家兔采食了腐败变质的饲料，带有露水、雨水、霜水、冰块以及被污水污染的饲料，饲料突然更换导致幼兔贪食吃得过多，大量供给水分较大的青饲料或者多汁饲料。原因之四是由于兔瘟（特别是慢性兔瘟）、巴氏杆菌病、魏氏梭菌病、大肠杆菌病、球虫病等引起。

针对幼兔拉稀、腹泻和胀肚的症状，首先要分析病因；如果不是由细菌和寄生虫引起则采取"控料、促消化和补液"的原则处理；如果是细菌性引起的则采取"控料、杀菌、促消化和补液"的原则处理；如果是由于球虫引起的细菌性继发感染，则首先控制球虫后再采取措施。幼兔的拉稀、腹泻和胀肚病切记不能乱用抗生素类药物。

（4）乱用抗生素　由于断奶后幼兔肠道还未建立起完善的菌群，如果此时用抗生素，会使兔消化道功能异常，进而影响到免疫系统等，出现死亡。

（5）断奶应激　心理应激，母子分离不习惯；环境应激，仔兔被移至别处不习惯；营养性应激，没有奶吃了，仅吃饲料难以习惯。

（二）幼兔饲养管理

断奶做到"三不变"。环境不变，断奶后不能换兔笼，把母兔移开即可；不能分笼，即兔群不变；饲料和管理不变，让饲料逐步过渡。

饲喂方法。各类饲料在断奶后都不要急于改变，数量可逐渐增加，饲喂次数由多到少，饲喂量由少到多，以吃到八成饱为宜。饲料投喂的顺序是：先喂精料后喂粗料然后喂青绿饲料。

精料要求。必须是易消化、营养均衡并能有抑制消化道有害细菌、优质、适口性好和适量半木质纤维的饲料。玉米、豆粕、蚕蛹、鱼粉等原料不能过量，苜蓿草粉、麦麸等可提倡多用。

为了提高幼兔的消化能力，精料中可加复合酶、多种维生素、益生素等。根据季节变化可添加部分中草药、大蒜等提高抗病力。

做好疫病防治工作。在 25～28 日龄注射一次瘟巴二联苗，隔 1 周后再加强一次。另外，还可以根据本场实际情况注射大肠杆菌和魏氏梭菌疫苗等。对幼兔还要做好球虫病、巴氏杆菌病的防治工作，减少对幼兔的危害。

做好夏季防暑，晚秋、冬季、早春的防寒工作。对于幼兔更应做好这一工作，防止幼兔中暑和受凉感冒、肺炎、腹泻等病的发生。

精心饲养，仔细观察。发现吃食少，精神萎靡，粪便不正常的兔，要及时隔离治疗。要增加运动，多见阳光，补充适量矿物质。

五、青年兔饲养管理

青年兔是指生后 3 月龄到配种阶段的肉兔，又称后备兔。青年兔的特点是生长发育很快，主要是长骨骼和肌肉的阶段，对蛋白质、无机盐和维生素的需要多，对粗饲料的消化力的抗病力已逐渐增强。成熟早的公母兔已有性欲和发情表现。

青年兔由于生长发育快，体内代谢旺盛，需要充分供给蛋白质、无机盐和维生素。饲料应以青粗料为主，适当补给精饲料，5 月龄以后需控制精料用量，以防过肥，影响种用。

为了防止青年兔的早配、乱配，3 月龄对青年兔进行 1 次选择，把生长发育优良，健康无病，符合种兔要求的留种种用，最好单笼饲养。不作种用的公兔要及时去势后育肥，可合群集体饲养。

六、肉兔肥育

肉兔的肥育，就是要在短期内增加体内的营养蓄积，同时减少营养的消耗，促进同化作用，抑制异化作用，使肉兔采食的营养物质除了维持正常生命活动外，能大量蓄积在体内，形成肌肉和脂肪。

(一) 肉兔的肥育方法

肉兔肥育方法一般分为专用兔的育肥和淘汰兔的肥育 2 种。

幼兔肥育是指仔兔断奶后就开始催肥。肥育开始时可采用群养，使幼兔有充分运动的机会，达到增进健康、促进骨骼和肌肉充分生长的目的。45 日龄后即可采用笼养法肥育，时间为 20 ~ 30 天，体重达 1.9 ~2.2 千克时即可屠宰。

淘汰兔肥育指将年龄老化已不适宜作种用的公母兔进行育肥，淘汰兔的育肥要根据身体情况和经济质量是否合算而定。若淘汰兔本来已经很肥，就没有必要再进行催肥，停止繁殖后，饲养一段时间即可上市，对于过瘦的淘汰兔育肥不易，而且要消耗较多的饲料，经济上不合算，则不必催肥，直接出售即可，老龄公兔淘汰后应先去势再育肥效果较好，淘汰育肥兔的饲养管理措施和原则仍参考一般商品兔的育肥措施，让兔多吃少动，达到出栏标准即可上市。

(二) 肥育技术

(1) 限制运动　肥育期的家兔，尤其是肥育后期应限制运动，不宜采用放养方式，最好圈养在笼内。

(2) 少量多餐　肉兔的育肥饲料应以精料为主，青料为辅。选用专用肉兔育肥全价颗粒饲料，保证充足、清洁的饮水。育肥期的兔子由于运动减少，饲料又以精料为主，所以通常表现食欲较差。为增进食欲，应掌握少喂多餐的原则，以增加其采食量。

(3) 环境控制　环境控制主要是指温度、湿度、密度、通风和光照等环境条件的控制。温度过高或过低都是不利的，最好保持在25℃左右。湿度控制在55% ~65%；密度根据温度及通风条件而定。光照对于家兔的生长和繁殖有影响。育肥期实行弱光或黑暗，仅让肉兔看到采食和饮水，有抑制性腺发育，促进生长，减少活动，避免咬斗，提高饲料利用率等多种作用。

(4) 预防疾病　育肥期主要疾病是球虫病、腹泻、肠炎、巴氏杆菌病及兔瘟。球虫病是育肥期的主要疾病，尤以 6 ~ 8 月多发。采取药物预防、加强饲养管理和搞好卫生工作相结合。预防腹泻和肠炎主要是注意饲料的合理搭配、粗纤维的含量，搞好饮食卫生和环境卫生。预防巴氏杆菌病一方面搞好兔舍的卫生和通风换气，加强饲养管理，另一方面在疾病的多发季节适时进行药物预防。定期注射疫苗，断奶前后，按要求注射 1 ~ 2 次即可出栏。

第四节　不同季节的饲养管理技术

家兔的生长发育与外界的气候条件息息相关，不同的环境、气候对家兔的影响不一样，在一定程度上影响着家兔的生长、繁殖等。所以，要根据不同季节气候特点和兔的生活习性、生理特点进行科学的饲养管理，才能保证家兔健康生长。

一、春季饲养管理

春季多阴雨，昼夜温差大，湿度大，青料嫩含水量也大，随着温湿度逐渐升高，细菌繁殖快，兔又进入换毛阶段，体质瘦弱，易发生兔瘟、感冒、肺炎、拉稀等疾病，死亡率较高。因此，春季的饲养管理应注意降湿、防病。

(一) 注意气温变化

春季的气候多变，主要是当心寒潮，寒潮发生时，刚断奶的仔兔易暴发兔瘟，应注意收看天气预报，了解未来 1 周天气形势，确保在寒潮发生之前，给没有注射兔瘟疫苗的断奶仔兔注射免疫。由冬季转入春季为早春，此时的整体温度较低，此期应以保温和防寒为主。而由春季到夏季的过渡为春末，气候变化较为激烈，此期应控制兔舍温度，防止气候骤变，平时打开门窗，加强通风，遇到不良天气，及时采取措施，为春季家兔的繁殖和小兔的成活提供最佳环境。

（二）抓好春季繁殖

家兔在春季的繁殖能力最强，公兔精液品质好，性欲旺盛，母兔的发情明显，发情周期缩短，排卵数多，受胎率高。这与气温逐渐升高和光照由短到长，刺激家兔生殖系统活动有关。但是，在较寒冷地区，由于冬季没有加温条件，往往停止冬繁，公兔较长时间没有配种，造成在附睾里贮存的精子活力低，畸形率高，最初配种的母兔受胎率较低。为此，应利用春繁这一有利时机争取早配多繁，采取复配或双重配避免母兔空怀，争取多收益。

（三）保障饲料供应

春季是家兔的换毛季节，此期冬毛脱落，夏毛长出，要消耗较多的营养，对处于繁殖期的种兔，加重了营养的负担。兔毛是高蛋白质物质，需要含硫氨基酸较多。为了加速兔毛的脱换，在饲料中应补加蛋氨酸，使含硫氨基酸达到0.6%以上。在春季家兔发生饲料中毒事件较多，在购买全价饲料或挑选饲料原料时要注意检查。由于春季草嫩、含水高，兔吃后易臌气、拉稀，喂料做到全价料和新鲜牧草结合，保证消化机能正常，并要兔自由饮水，让兔得到大量营养，体肥壮，生长快，发情、受孕高。

（四）预防疾病

春季各种病原微生物活动猖獗，是家兔多种传染病的多发季节，防疫工作应放在首要的位置。

①要注射有关的疫苗，兔瘟疫苗必须保证注射。其他疫苗可根据具体情况灵活掌握，如魏氏梭菌疫苗、巴氏波氏二联苗、大肠杆菌疫苗等。

②将传染性鼻炎型为主的巴氏杆菌病作为重点。由于气温的升降，气候多变，会诱发家兔患呼吸道疾病，应有所防范。

③预防肠炎。尤其是以断乳小兔的肠炎作为预防的重点。可采取饲料营养调控、卫生调控和微生态制剂调控相结合，尽量不用或少用抗生素和化学药物。

④预防球虫病。春季气温低，湿度小，容易忽视了春季球虫病的预防。目前我国多数实行室内笼养，其环境条件有利于球虫卵囊的发育。如果预防不利，有暴发的危险。

⑤有针对性地预防感冒和口腔炎等。前者应根据气候变化进行，后者的发生尽管不普遍，但在一些兔场连年发生。应根据该病发生的规律进行有效防治。

⑥控制饲料品质，预防饲料发霉。可在饲料中添加霉菌毒素吸附剂，同时加强饲料原料的保管，缩短成品饲料的贮存时间，控制饲料库的湿度等。

⑦加强消毒。春季的各种病原微生物活动猖獗，应根据饲养方式和兔舍内的污染情况酌情消毒。在家兔的换毛期，可进行1～2次火焰消毒，以焚烧脱落的兔毛。

二、夏季饲养管理

夏季高温高湿，雨量比较集中，蚊蝇集聚滋生，寄生虫、细菌繁殖快，容易引起兔的各种疾病流行。同时，兔耐寒怕热，常受高温的影响而中暑、不育等。因此，夏季的重点是抓好防暑降温和环境卫生工作。

（一）防暑降温

夏季是兔最难饲养的季节，这是因为气温高，湿度大，给家兔的生长和繁殖带来很大的难度。同时，由于高温高湿气候利于球虫卵囊的发育，幼兔极易暴发球虫病。大气候不好需进行小气候调节，如及时搭凉棚、种瓜豆、藤蔓等来遮阳。当外界气温在30℃以上时，大开门窗，地面泼水，中午在承粪板上喷水，加强通风，以达到降温目的。

（二）调整饲喂制度

保证充足的饮水，供自由饮用，适当喂一些嫩草，农作物青饲料（如红薯藤、大豆叶、菊苣、玉米叶等），在后夜退凉、黎明凉爽时是兔采食的关键时期，喂食量占全天量的60%～75%。阴雨、风天凉爽喂量更多，让兔吃入足够的饲料和草，得到充分的营养。

（三）充足饮水

水是家兔机体重要的组成部分，是家兔对饲料中营养物质消化、吸收、转化、合成的媒介，同时水对于体温调节起到重要作用。为了提高防暑效果，可在水中加入人工盐以促使兔多饮水；为了预防消化道病，可在饮水中添加一定的微生态制剂；为了预防球虫病，可让母兔和仔、幼兔饮用0.01%～0.02%的稀碘液。

（四）搞好卫生

欲使家兔安全度夏，卫生工作必须做好以下几点：

①饲料卫生饲料原料要保持较低的含水率，否则霉菌容易滋生而产生毒素；室外存放的粗饲料，要预防雨水浸入；室内存放的饲料原料，很容易通过地面和墙壁的水分传导而受潮结块，应进行防潮处理；饲料原料在贮存期间，要预防老鼠、鸟雀等的污染；颗粒饲料是最佳的饲料形态，但夏季由于气温高、湿度大，存放时间不宜过长，以控制在3周内最佳；一次的喂料量不宜过多，以控制在10分钟内吃完为准；青饲料喂兔，一定要放在草架上，尽量降低被污染的机会。

②饮水卫生对于用开放性饮水器（如瓶、碗、盆等器皿）的兔场，容易受到污染，应经常清洗消毒饮水器具，每天更换新水，定期化验水质；防止水源被粪便、污水、动物和矿物等污染。

③环境卫生对于降低家兔夏季疾病是非常重要。当湿度较大时，残留在踏板上的有机物很容易成为微生物的培养基，尤其是家兔发生腹泻后，带有很多病原微生物的粪便黏附在踏板上。因此，踏板是消毒的重点。

（五）预防球虫病

夏季温度高、雨水多、湿度大，是兔球虫病的高发期。尤其是 1 ~ 3 月龄的幼兔最易感染，是严重危害幼兔的一种传染性寄生虫病。要做好夏季球虫病需做好：a. 搞好卫生和环境卫生，对粪便实行集中发酵处理，以降低感染机会。b. 小兔获得球虫卵囊是多数来自母兔，因而，减少母仔接触机会，或严格控制通过母兔对仔兔的感染，是降低本病的有力措施。c. 目前药物预防是最有效的手段。选用高效的球虫药物 2 ~ 3 种，交替使用、准确用量和严格按照程序用药是控制本病的不可缺少的几个环节。

（六）控制繁殖

家兔生活适宜的环境温度为 15 ~ 25℃，临界上限温度为 30℃。也就是说，超过 30℃ 不适宜家兔的繁殖。在没有防暑降温条件的兔场，7 月就应停止配种。另外，有条件的兔场对种公兔舍可安装空调，同时防止睾丸外伤，并作好种公兔的营养搭配。

三、秋季饲养管理

秋季气温凉爽，气候干燥，饲料充足，营养丰富，是饲养繁殖家兔的好季节。但秋季是兔群进入换毛期，体质差，同时早晚温差大，兔的呼吸道和肠道疾病多。

（一）抓好秋繁

首先，保证种公兔营养，除保证优质青饲料外还应注重维生素 A 和维生素 E 的添加，对于个别优秀种公兔可另外搭配动物蛋白质和植物蛋白质饲料，以尽快改善精液品质，加速被毛的脱换，缩短换毛时间。其次，人工补充光照，每天光照时间达到 14 小时左右。再次，在配种时应采取复配或双重配，以提高受胎率。

（二）预防疾病

秋季的气候变化无常，温度忽高忽低，昼夜温差较大，是家兔主要传染病发生的高峰期，应做好相应疾病防控工作：a. 注意呼吸道传染病，秋冬过渡期气温变化剧烈，最容易导致家兔暴发呼吸道疾病，特别是巴氏杆菌病对兔群造成较大的威胁。在生产中除了注意气温变化以外，应提前以药物预防作为，有针对性的注射相应疫苗。b. 预防兔瘟，在气候凉爽的秋季易爆发兔瘟，在生产中应及时检查免疫记录，观察成年兔群，凡是超过或接近 4 个月的种兔需统一注射兔瘟疫苗。c. 重视球虫病预防，由于秋季的气温和湿度仍适于球虫卵囊的发育，生产中应有针对性地投喂药物和消毒。d. 强化消毒，秋季的病原微生物活动较猖獗，又是换毛季节，通过脱落的被毛传播疾病的可能性增加，特别是真菌类皮肤病。因此，在集中换毛期，应用火焰喷灯进行 1～2 次消毒。这样也可避免脱落的被毛被家兔误食而发生毛球病。

（三）科学饲养

秋季是家兔繁殖的繁忙季节，也是换毛较集中的季节，同时是饲料种类变化最大的季节。首先，根据兔的不同年龄，按饲养标准配制，适当提高蛋白质水平，降低能量饲料，要求饲料营养丰富，适口性好容易消化。保证家兔每天有充足的青饲料如青草、青菜等，饲料应新鲜洁净无发霉变质。其次，秋季饲草丰富，气候适宜，壮好秋膘利于秋季繁殖和安全越冬。因此，应配制营养丰富的全价饲料，充分供给优质青饲料。喂料要定时、定量，做好早餐早喂、晚餐迟喂，午餐多喂青绿料，晚间加喂一次料。幼兔每天饲喂 5 ~ 6 次，青年兔 3 ~ 4 次，成年兔 2 ~ 3 次，同时供给充足的洁净饮水。

（四）整理兔群

将繁殖力强、后代整齐、生长迅速的兔子留作种用，老弱病残种兔应立即淘汰，选留优良后备兔补充种兔群。

四、冬季饲养管理

冬季昼短夜长，日照少，气候寒冷，青料短少，对家兔的生长、繁殖带来一定程度的影响，此阶段家兔饲养的好坏，直接关系到全年养殖的经济效益。

（一）做好防寒保温

冬季气温虽低，但除新生仔兔外，兔舍温度并不要求很暖和，但要求其温度要相对稳定而不能忽冷忽热。室内养兔时，要关好门窗，防止贼风侵袭；开放式兔舍要挂好卷帘，以防寒风侵入。

（二）注意通风换气

冬季兔舍通风换气不足，污浊气体浓度过高，特别是有毒有害气体（如硫化氢）对家兔黏膜（如鼻腔黏膜、眼结膜）的刺激而发生炎症，黏膜的防御功能下降，病原微生物乘虚而入。主要的疾病是传染性鼻炎，有时继发急性和其他类型的巴氏杆菌病。

这种疾病仅仅靠药物和疫苗是不能解决问题的，而改善兔舍环境，加强通风换气，症状很快减轻。兔舍在中午时段应打开窗户或将卷帘升起后通风2~3小时。

（三）加强管理

由于冬季气温低，家兔消耗的热量多，饲养的营养价值较低，因此，日粮应比其他季节增加1/3，同时，每天早晚各加喂一次精料，日粮应相对稳定，切忌突变。冬季气候较干燥，此时应保证充足、清洁的饮水。仔兔应适当延长哺乳时间，对刚断奶的仔兔应控制青饲料的喂量。

（四）抓好冬繁

在做好防寒保温工作的同时，安排冬繁冬育是非常有利的，其优点是产仔成活率和出栏率高。肉兔冬繁工作应做好：a. 保温。兔舍温度保持在10℃左右，最低应控制在5℃。b. 辅助拉毛。对于不会拉毛的初产母兔，可人工诱导拉毛或辅助拉毛，在提高母兔的母性的同时，兔毛也是仔兔极好的御寒物。c. 人工催产。冬季兔舍温度较低，白天没有产仔，夜间缺乏照顾的情况下产的仔兔容易被冻死。因此，对于已经到了产仔期，但白天没有产仔的母兔，可注射催产素或让其他一窝仔兔吮吸待产母兔乳汁3~5分钟人工催产。

（五）防治疫病

冬季是兔瘟和兔疥癣病的多发期，因此，在进行冬养前，应给所有的兔注射一次兔瘟疫苗，平时应注意观察兔群，发现异常，及时隔离治疗，确保正常安全养殖。

第九章

肉兔疾病防控

家兔比其他畜禽抗病力差。在目前没有进行科学饲养管理的广大地区，兔的发病率和死亡率很高，达到60%～70%，特别是在冬季更为突出。因此，做好疾病的防治工作是养兔业中一项极其重要的内容。一般条件下，兔发病后再治疗，都不易取得较好的效果。所以，对兔采取"防重于治"的原则仍是一条十分重要的要求。

第一节 兔病发生的主要原因分析

兔发病的原因很多，但主要是日常管理不善和卫生条件不好。归纳起来主要是以下几个方面。

一、饲料使用与配合不当引起的营养性疾病

兔虽属草食家畜，但对营养要求较全面。各种青、粗、精料使用比例应尽量适当，否则会发生各种疾病。如缺乏青绿饲料又没有补充各种维生素，即会发生维生素缺乏症及母兔的胚胎发育不良。饲喂的精料过多，粗饲料偏少时，易发生梭菌性下痢。饲喂过多的含水量较高的青绿饲料或带露水、冰块的饲料时，易造成消化不良或拉稀。

二、潮湿与污染的环境条件引起的传染性疾病

传染病对家兔危害很大，每种传染病都有病源（病毒、细菌等），传染来源有患病兔或健康兔，痊愈带菌的兔和排菌者。由于某些条件和传染媒介的存在，使病源微生物侵入到健康兔体而使之发病。因此，要搞好清洁卫生，避免潮湿与利于传染的环境条件，采取相应的有效措施，杜绝减少传染病的发生。

三、饲喂污染与发霉的饲料引起的中毒性疾病

家兔对环境和饲料的污染很敏感，饲喂发霉或被有毒农药污染的饲料时，易造成兔的食物中毒和化学药物中毒。如饲喂发霉的饲料会导致家兔逐渐消瘦、仔幼兔浑身发软死亡、影响公兔精子质量、母兔不怀孕、拉稀、胀肚以及中毒症状等。

四、脏、乱、差与污秽的环境引起的寄生虫病

寄生虫病种类很多，特别是球虫病和疥癣病，对兔的危害甚大。主要是潮湿、脏、乱、差与污秽的环境条件易造成寄生虫感染。因此，要采取综合措施进行预防，如定期驱虫、消毒、妥善处理好粪便，杀灭病菌，保持良好的卫生环境等。

五、季节变化和管理粗放引起的各类疾病

每年春秋季以及忽冷忽热、阴雨季节的变化，往往是病源微生物大量繁殖时期，如果管理粗放会导致兔体质下降，抗病力降低，发生各类疾病。因此，应特别注意换季阶段和霉雨季节等的观察，发现情况及时处理。

六、应激因素引起的各种疾病

各种应激因素如追捕、捉拿、转群、拥挤、长途运输、惊吓、饲料变换、温度和湿度过高或过低等，都会使兔的机体抵抗力降低，加重原有疾病的复发或重新发病。因此，在饲养管理工作中，应尽量避免这些因素的发生。

第二节　兔病预防基本原则和措施

疾病是影响兔业发展的主要因素之一，结合家兔发病原因和饲养管理特点，遵循一定的基本原则，是有效预防和控制家兔疾病的前提。

一、高度的兔病预防意识

兔是啮齿类草食小动物，对环境条件、饲料质量、饲养管理水平要求严格，抗病力弱，容易发病，治疗效果较差，死亡快且死亡率高，故养兔应遵循"养重于防、防重于治、预防为主、治疗为辅"的原则。饲养管理精心细致，饲料营养好了，兔的体质就好，抗病力就强，生长速度就快。通过科学饲养，让家兔正常生长发育，增强抗病能力，健康生产，提高经济效益，这是养殖户的目标和主要工作，同时应重视平时的饲养管理。家兔是一种单体经济价值低的动物，治疗当中药物的费用往往会超出其本身的价值，而对患兔淘汰处理，其安全性、经济性和实用性远比治疗一只患兔的意义大得多。带病家兔在治疗的同时又将病原菌传给了其他家兔，使兔场陷入了不断治疗疾病的泥潭，应及早隔离、淘汰、消毒，即所谓"养防结合，无病防病，有病不治病"。

二、科学的饲养管理

（一）科学饲喂方式

适时分群饲养，稳定饲料配方，喂饲定时定量。根据家兔的年龄、体重、个体差异、季节特点及对饲料的需要，确定每兔每天的喂量，分次喂给。这样既可增强家兔的食欲，又可提高饲料的利用率，有利于促进家兔的生长，减少疾病的发生。在改变饲料时要逐步过渡，先更换 1/3，间隔 2～3 天再更换 1/3，约 1 周全部更换，使兔的采食习惯和消化机能逐渐适应变换的饲料。如果突然改变饲料，易引起兔的食欲减退或伤食，出现消化不良。

（二）合理搭配饲料

喂兔的饲料要选用青绿饲草与麸皮、谷类、豆类以及添加剂等进行合理搭配，定时定量饲喂，保证兔生长所需的能量、蛋白质和维生素等多种营养物质。饲料及饮水一定要清洁卫生，禁止喂给发霉变质和被粪尿等一些有害物质污染的饲料和饮水，以免引起兔腹泻等胃肠疾病。

（三）提供良好环境

经常保持兔舍内的清洁、干燥和适宜的温度，防止舍温骤变。舍内阳光充足，空气清鲜，舍内空气流通，防止穿堂风和舍内潮湿。注意夏季防暑和冬季防寒，常年舍温保持在 15～20℃最适宜的温度。每天要清扫兔笼、兔舍和产仔箱，清洗饲槽和饮水用具，及时清除粪尿，定期更换垫草，禁用潮湿和发霉的垫草。对清除的粪尿和污物，要远离兔舍 50 米外的偏僻处集中堆放，并经发酵处理，这样可以杀死原虫和病原微生物。严禁随意乱抛和就近堆放。每当产仔前、调群和淘汰兔时，要对兔笼和产仔箱，以及其他用具进行消毒；消灭舍内蚊蝇及鼠类。

三、高效的预防措施

（一）定期对兔群健康检查

对肉兔进行健康检查，是生产技术管理的一项重要工作，应做到定期（每周一次）和经常性相结合进行。在检查过程中发现病兔和有异常表现者立即隔离，并及时治疗或淘汰。对繁殖力差、发育迟缓和有恶癖的肉兔应及时淘汰，只有这样才能建立健康优质的兔群。对肉兔的健康状态一般直观检查，主要包括：头部、被毛与皮肤、精神状态，体格发育与营养状况、四肢及脚部，以及粪便状态等。凡具有以下临床表现之一者，均可视为疾病状态：精神萎靡，情绪不安，背毛粗糙无光泽，并有脱毛现象（非换毛期），机体运动受阻和失调，站立姿势不正，怕惊，常隐藏于笼内一角、耳色发青或紫红、食欲不振或拒食、眼睛暗淡无光、有时呈半闭状态、眼角有眼屎、结膜充血潮红、眼睑垂胀、角膜混浊。鼻干燥或有黏液脓性分泌物，打喷嚏、流涎、甩头、脚爪抓搔两耳和笼底等。如发现有上述某种表现者，应立即进行详细检查，以便确认为某种疾病所致。并采取隔离措施，对有治疗价值的应及时治疗，没有治疗价值的肉兔应立即淘汰。通过健康检查，能够做到及时发现病兔，并作到及时治疗和有效地控制疾病的加重和扩散。

（二）按时、按质接种疫苗

兔场应定期接种相应的疫苗，以增强免疫能力，有效地抵御侵入的病原体。根据当前易发的疫病，已研制出的常用疫苗有兔瘟疫苗、巴氏杆菌病疫苗、波氏杆菌病疫苗、魏氏梭菌和大肠杆菌病等疫苗，这些疫苗有的是单联苗，有的是双联苗和多种混合疫苗。对家兔进行预防接种最佳时间，多在仔兔出生后 30 日龄前后进行第 1 次接种，一般免疫期为 4~6 个月，故第 2 次接种多在家兔配种繁殖前再进行一次，以后每年在春、秋两季或每个季度进行预防接种一次。大部分疫苗最适宜的保存条件是温度在 2~8℃，冷暗、干燥，注意防霉。高温（35℃以上）和冷冻（湿苗，2℃以下）都会导致疫苗变性失效而不能使用。注射用具如针头、注射器、镊子等应先消毒备用，酒精棉球应在 48 小时前制备，消毒用 75% 的酒精（取 99% 的酒精 100 毫升加蒸馏水或冷开水 32 毫升摇匀即可），组织好直接参与接种工作（保定肉兔、注射和记录）的人员等。最好一兔一只针头，皮肤消毒要认真，以免造成人为感染和疾病传播。

（三）防止误食有毒物质

首先是预防饲料变质。饲料受潮，黄曲霉菌、青霉菌和白霉菌孳生，这些细菌可产生毒性很强的物质，给家兔饲喂这种发霉的饲料会发生中毒，严重时会引起大批死亡。其次是驱虫药使用失误。家兔对敌百虫等驱虫药较为敏感，无论外用或内服驱虫，用量偏高均可引起中毒。杜绝上述毒物进入兔体是防止家兔中毒病发生的根本措施。再次青饲料被农药污染。喷洒有机磷或有机氯农药的蔬菜，被农药污染的田间杂草等，在毒性未消失时即用来饲喂，都有可能导致家兔中毒。

（四）坚持自繁自养

加强检疫，引进种兔时不要从疫区和发病兔场引进，必须从无疫区和健康兔群引种。引种后要进行隔离观察 1 个月，确认无病方可放入群内饲养。同时要严格控制闲杂人员随意进入兔舍，以免带入病源。

第三节　兔病常用诊疗技术

肉兔疾病诊断就是查明病因、确定病情，制定相应的诊疗方案。因此，掌握健康检查方法、药物及使用方法、疫苗及使用、消毒方法等是肉兔疾病诊断和治疗的前提。

一、肉兔健康检查方法

兔的健康检查很重要，可及时发现病兔，采取有效防治措施，从而终止病症传播，减少经济损失。一般从兔的精神状态、外貌、食欲、粪尿、呼吸、体温和心跳等方面进行检查。

（一）精神状态

健康兔的表现是神态活泼，行动敏捷，两耳直立，听觉敏感，起卧运动有一定姿势。病兔则缩头、萎靡。如歪头可能是巴氏杆菌病、中耳炎，歪头转圈是李氏杆菌病，躺卧跛行可能是骨折等。健康兔双眼瞪圆，明亮有神，眼球活泼，眼睑红润，眼角干净无眼屎。如眼睛半闭半睁，呆滞无神，反应迟钝，或眼睑干燥，多为急性传染病。如眼睑流泪，有脓性分泌物，可能是结膜炎和慢性巴氏杆菌病。

（二）外貌

健康兔营养良好，躯体匀称，体态丰满，用手触摸兔的脊椎，背肉丰厚，脊骨不容易分辨，证明健康无病。如脊椎骨突起，呈算盘珠状，髋关节凸出，可能患有寄生虫病，如球虫病或慢性疾病、伪结核病、慢性巴氏杆菌病、慢性波氏杆菌病、腹泻病或营养不良。

健康兔的被毛浓密贴体，富有弹性和光泽。如果稀疏蓬乱、暗淡无光、被粪便污染，均为不健康表现，可能患有腹泻、慢性病、寄生虫病等。如背部、腿部、颈部被毛成块脱落，并有疱疹和结痂，可能患有霉菌病。

健康兔的皮肤结实紧密有弹性，皮肤无脱屑和结痂。母兔腹部呈暗紫色、有硬块（团）可能有乳房炎。腹部和背部有脓性结痂，可能患有葡萄球菌病。如嘴、鼻、两耳和爪等器官周围的被毛脱落，并有鳞片结痂，可能患有疥癣病。公兔睾丸皮肤若有糠麸样皮屑，肛门及外生殖器官的皮肤有结痂，可能患有梅毒等。如果腹围增大，触摸盲肠大并有气体和水样感，可能是魏氏梭菌性肠炎。

健康兔的眼结膜红润。如果结膜苍白，多为严重慢性消耗性疾病。如结膜黄染，身体消瘦，多为肝寄生虫病或球虫病。

健康的白兔耳朵呈粉红色。如呈灰白色则表示体虚血亏；如呈红色且烫热即为发烧；如耳色表紫，耳温过低，则有重病的可疑。

（三）食欲

健康兔食欲旺盛，对经常吃的食物嗅后立即采食，且速度快。不接近食物、只喝水不吃料、只采食青饲料、采食速度慢、拒食等是疾病最早的症候，应引起注意。

（四）粪尿

健康家兔的粪呈褐色，表面光滑，较硬的粒状，当喂青草时有些变软。在夜间或白天休息时排的黄豆粒大的较软的粪，也是正常的，但多数被家兔吃掉，以再吸收其中的养分。当家兔肛门附近有稀粪黏附，排出的粪呈粥状、水样，并有腥臭味，可能是痢疾、魏氏梭菌病等；粪稀而带血，多是急性肠胃炎或球虫病；

粪被白色黏膜或果冻样包裹，可能是大肠杆菌病；粪小而干多是便秘，因胃内积毛、体温升高、吃料减少而引起。

检查尿的颜色、量、沉淀物的多少。健康家兔的尿液较混浊（有碳酸钙沉淀）、淡黄色。一般每天可排尿200毫升左右。若尿少而稠、颜色深，或尿多而清淡均不正常，说明水代谢出现问题；若尿中带血，则多因肾脏、膀胱、尿生殖道发炎而引起；尿黄褐色则说明肝脏有病；当尿液浓稠有脓样物排出时，则多因尿生殖道有炎症，脓汁随尿排出所致。有时因饲料的变化或服某些药物时，也可引起兔尿液颜色及尿量等变化，不过，这是暂时的，应注意区别。

（五）呼吸

健康兔每分钟呼吸50~60次，而且平稳，但是呼吸次数的变化，常随年龄、气候、运动等外在环境的不同而有差异。一般幼兔比成兔呼吸次数多，夏季比冬季呼吸次数多。追逐运动也会使呼吸次次数增多。在正常情况下，呼吸急促伴有声音则表示有病；如呼吸有鼾声、打喷嚏、鼻漏、鼻孔周围被毛潮湿，并有黏液分泌物，则可能是巴氏杆菌病、波氏杆菌病；鼻孔流出血样红色泡沫则是兔瘟；呼吸急促多为热性传染病。

（六）心跳

家兔正常心跳为每分钟80~90次，仔兔、幼兔心跳频率较快，成年兔较慢。测定时可用听诊器在左胸腋下听诊。得隐性传染病时，其心跳频率加快，得慢性病时，其心跳频率减少。

（七）体温

兔正常体温为38~40℃，在正常环境下，体温过低或者偏高都为病态。体温升高多为急传染病。如急性巴氏杆菌、兔瘟、野兔热、李氏杆菌病等。

此外，还要询问养殖场的饲养管理情况，有无换料、饲料有无发霉、饲料配方、饲料中添加的添药物、饲喂方法、有无青绿饲料等。询问当地正在流行何种疾病发生，死亡情况如何，用药情况及效果。询问本场以往同季节发病情况及用药情况。对新引进的种兔，要问清楚引种场的疫病情况。询问了解当地气温、湿度以及天气变化情况。

二、常用药物及用药方法

（一）常用药物

（1）抗生素类

①青霉素：白色结晶性粉末。对兔葡萄球菌、结核杆菌、兔螺旋体等病源微生物引起的肺炎、结核、膀胱炎、皮下脓肿，乳房炎等有效。不宜与四环素、卡那霉素、庆大霉素、土霉素、维生素 C、碳酸氢钠、阿托品、氯丙嗪等混合使用，遇湿失效，不宜放置冰箱中。口服大部分被胃酸破坏，故不宜内服。用量：成年兔每千克体重 5 万～10 万单位，肌肉注射，每天 2 次，连用 3～5 天，疗效显著。

具有类似疗效的抗菌素还有红霉素、洁霉素、多黏菌素、泰乐菌素、新生霉素等。当某一抗菌素防治效果不理想或产生了耐药性时，可改用其中另一抗菌素。

②链霉素：为白色或类白色粉末。用于家兔传染性鼻炎、肠道感染等。用量：成年兔每千克体重 10 万～20 万单位，肌肉注射，每天 2 次，连用 3～5 天。幼兔用量减半。

③卡拉霉素：为白色或类白色粉末。用于兔呼吸道、肠道、尿道感染，如肺炎、下痢、乳房炎、皮下脓肿、子宫炎等。用量：肌肉注射，10～20 毫克/千克体重，每天 2 次，连用 3～5

天。如药液出现发黄结块现象，则不能使用。

④硫酸庆大霉素：为白色或类白色粉末，别名硫酸正泰霉素，对大肠杆菌、沙门氏菌、葡萄球菌等有效。用量：成年兔每只1万~2万单位，肌肉注射，每天1~2次，连用3~5天，幼兔用量酌减。

注意事项：家兔是草食动物，靠肠道内各种微生物将纤维素分解利用，当给兔饲喂抗生素后，肠道内的大量微生物被抑制或杀灭，从而影响营养物质消化吸收；兔场常用抗生素，致病菌有可能产生耐药性，一旦发病，治疗相当困难。

（2）磺胺类　这类药物是人工合成的化学药品，具有抗菌谱广（只抑制无杀菌作用）、价格低的特点，主要用于兔球虫病、胃肠炎、呼吸道疾病（鼻炎、肺炎）、乳房炎、传染性口炎、尿道感染等的防治。常用的有磺胺嘧啶（SD）、磺胺二甲嘧啶（SM_2）、新诺明、磺胺二甲基嘧啶（又名磺胺异噁唑，SMZ）等。用量：一般以口服为好，0.1~0.2克/千克体重，每天2次，连用3~5天。注意事项：

a. 这类物需避光保存，非复方磺胺使用时应与抗菌增效剂，按5∶1的比例配合交叉使用，不宜同时配搭使用，用磺胺类药时，多给兔饮水，若出现磺胺药过敏（中毒）现象，应立即停药，并在饮水中加入1%碳酸钠或5%葡萄糖溶液，同时加喂维生素B_1或维生素E。b. 对磺胺药敏感的细菌，无论在体外或体内均能获得耐药性，因此，每次用药量要足疗程也要适当；磺胺类药只有抑菌作用，没有杀菌作用，因此，在治疗期间必须加强饲养管理，以提高兔体的防御机能。

（3）喹诺酮类　这类药物对革兰氏阳性菌、革兰氏阴性菌具有高度抗菌活性，包括金黄色葡萄球菌、链球菌、肺炎球菌、大肠杆菌、沙门氏菌等，还对部分支原体、衣原体、螺旋体也有极强的抑制作用，但对真菌、病毒和原虫无效。

氟哌酸：类白色粉末，几乎不溶于水，耐药速率慢，毒性低，吸收、排泄快。对兔大肠杆菌病有显著疗效。用量：内服，10毫克/千克体重，按每1 000千克50克拌料饲喂。

恩诺沙星：按每1 000千克20克拌料饲喂，饮水用量减半。

（4）抗球虫药 球虫病是兔最常见且危害严重的寄生虫病，主要用药如下。

地克珠利：拌料混饲每吨2～5毫克。

氯苯胍：每千克饲料用150毫克拌匀让兔自由采食，治疗量加倍。

球痢灵：又叫硝苯酰胺，预防量为每千克饲料125毫克，治疗量加倍。

盐霉素：如用于预防兔球虫病，每千克饲料中添加盐霉素25毫克，如治疗则加50毫克。连喂1周。

此外，还有磺胺喹噁啉、乙胺二甲氧嘧啶、复方新诺明、莫能霉素等。含有马杜霉素的各种剂型的药不能用于兔，否则会发生中毒死亡。

（5）其他常用药物 阿维菌素（或依维菌素）：又叫阿福丁、灭虫丁、克虫星等，是对兔螨病有很好的防治效果的一种新药，并对体内线虫和体外虱、蜱等寄生虫有效。每千克体重用0.3克口服，或0.2毫升/千克体重皮下注射，每1～2个月用药一次。

酵母：内含B族维生素，可治疗因B族维生素缺乏引起的消化不良和神经症状。每只兔每次1～2毫升。

人工盐：助消化，可治消化不良。每只兔每次口服1～2克。

大黄苏打片：可治消化不良，主要用于兔的消化紊乱，兔粪变软，每兔口服1~2片；兔粪变小，变硬口服3~4片。

乳酶生：可治疗消化不良，每兔口服2~3片。

石蜡油：治疗便秘、腹胀。每兔口服10~15毫升。

次碳酸钙片：治疗一般性腹泻，每兔口服2~4片。

（二）用药方法

1. 药物口服

（1）饮水　将易溶于水的药物，按一定的比例加在水中，给兔自由饮用。用药前几小时适当停水效果更佳。对不溶于水的药物，可单个逐一用注射器灌服。

（2）拌料　粉剂药物可用于拌料，先将药物用少量粉饲料拌匀，逐渐加大饲料量拌和，最后扩大到所有应拌的料中拌匀后饲喂，或将药物制成颗粒饲料后饲喂。也可先将药物用水溶解后直接喷雾到饲料表面。对于溶解性不好的药物也可加水搅匀后，逐渐加大饲料量拌和。

（3）片剂、粉剂口服　投喂时由助手保定病兔，操作者一手固定兔的头部并捏住兔口角使口张开，用镊子、筷子或止血钳夹取药片，送入会咽部，使兔吞下。或把药片碾细加少量水调匀，用汤勺柄取适量药物插入口角，将药物放入口中，或用注射器、滴管等吸取药液从口角徐徐灌入。但必须注意，不要误灌入气管内，避免造成异物性肺炎。

（4）水剂、油剂灌服　用带有金属细管头的吸管吸取药液，从兔的口角插入，将液体挤入口中。

2. 药物注射

常用的注射方法有肌肉注射、皮下注射、静脉注射、腹腔注射等。注射前应对注射部位进行消毒，注射器、针头也应消毒。给病兔注射应每注射一只兔更换一个针头。

（1）肌肉注射　选择颈侧或大腿外侧肌肉丰厚、无大血管和神经的部位注射。剪毛消毒后垂直、迅速地将针头刺入肌肉，如果有回血，证明针头刺入血管，应拔出针头，更换部位，消毒后重新注射，无回血时，再将药物注入。一次药量不能超过 10 毫升，若药量多应更换注射部位。水剂、油剂、混悬剂可肌注，刺激性较大的药物，需注于肌肉深部。

（2）皮下注射　在耳根后面、腹下中线两侧或腹股沟附近等皮肤松弛、容易移动的部位注射，先剪毛，再用酒精或碘酊消毒，然后，用左手将皮肤提起，右手将针头刺入被抓皮肤的三角形基部，皮下 0.8 厘米左右，将药物注入。注意针头不能垂直刺入，以防进入腹腔。拔出针头后要对注射部位重新消毒。

油类药物及刺激性大的药物不宜皮下注射。疫苗接种多由皮下注射。

（3）静脉注射　由助手保定兔，固定头部，左手拇指与无名指及小指相对，捏住耳尖部，以食指和中指夹住压迫静脉向心侧，使耳外缘静脉充血怒张。若静脉不明显时，可用手指弹击耳壳数下或用酒精棉球反复涂擦刺激静脉处皮肤。针头以度角刺入血管，使针头与血管平行向血管内送入适当深度，回抽见血，推药无阻力为进针正确，缓慢注入药物。注射完毕拔出针头，以酒精棉球压迫片刻，防止出血。静脉注射多液。注射时应先从耳尖开抬，以免影响以后刺针注入前要排净注射器内空气，以免引起血管栓塞，造成死亡。注射钙剂时，要缓慢注入。

油类药物不能静注，药量多时要加温。

（4）腹腔注射　在脐后腹部，偏腹中线左侧 3 毫米处。将兔后躯抬高，头朝下，两后肢提起，注射器对着脊柱方向刺针，刺入腹腔后回抽活塞，如无液体、肠内容物及血液后注药。药液应加热与体温相近。此法可用于补液。腹腔注射刺针不宜过深，以免损伤内脏。当兔胃和膀胱空虚时，进行腹腔注射比较适宜。

（5）局部注射　局都注射多用于局部感染，如乳房炎等。在局部感染的四周多点注射，将药物集中注射在局部，可快速地控制病情发展。

3. 药物外用

对于有外伤、体表寄生虫病、皮炎、皮癣的病兔，需要从外部施药。对这种病兔要单笼饲养，以防止其他兔误食药物中毒。洗涤法：将药物制成适宜浓度的溶液，清洗病兔局部皮肤或鼻、眼、口及创伤部位等。涂抹法：将药物制成软膏或适宜剂型，涂于病兔皮肤或黏膜的表面。浸泡法：将药物制成适宜浓度的溶液，浸泡病兔患部。

三、常用疫苗及使用方法

（一）兔瘟疫苗

用于预防兔瘟，目前多为组织灭活苗。包括氢氧化铝甲醛苗和蜂胶灭活苗 2 种。氢氧化铝甲醛苗在仔兔 28～40 日龄初免 1 毫升（联苗 2 毫升），20～30 天后可加强一次，以后对种兔每季度接种一次。蜂胶灭活苗在仔兔 28～40 日龄初免 1 毫升，20～30 天后可加强一次；60～70 日龄加强免疫 1 毫升（联苗 2 毫升），以后对种兔每季度接种一次。该苗在 2～8℃阴凉处保存 1 年，皮下注射，如疫苗出现明显分层，则不能再用。

（二）兔巴氏杆菌灭活苗

用于预防兔巴氏杆菌病。对 1 月龄以上的断奶兔皮下注射 1 毫升，7 天后产生免疫力，免疫期为 6 个月。种兔每年接种 2 次。

（三）兔魏氏梭菌灭活苗

用于预防魏氏梭菌肠炎。对 1 月龄以上的兔，皮下注射 1 毫升，7 天后产生免疫力，免疫期为 4~6 个月。种兔每年接种 2 次。

（四）兔大肠杆菌灭活苗

用于预防兔大肠杆菌病，对 20~30 日龄的仔兔，肌肉注射 1 毫升，7 天后产生免疫力，免疫期为 4 个月。种兔每季度接种 1 次。

（五）兔葡萄球菌病灭活疫苗

预防本病菌引起的母兔乳房炎、仔兔黄尿病、脚皮炎等。母兔于配种前后皮下注射 2 毫升，每 6 个月一次。

（六）联苗

兔瘟-巴氏杆菌病二联灭活疫苗，皮下注射 1~2 毫升，免疫期为 6 个月。兔巴氏杆菌-波氏杆菌病二联苗，皮下注射 2 毫升，免疫期为 6 个月。兔瘟-巴-魏三联灭活苗，皮下注射 2 毫升，免疫期为 6 个月。

以上为肉兔养殖场常用的疫苗，在免疫接种有几点注意事项：a. 注射疫苗只是预防疾病，免疫后也有可能要爆发相应的疾病，所以日常饲养管理仍是防病的关键。b. 疫苗属于生物药品，其保存、使用应严格按说明书进行；接种时的用具及注射部分应严格消毒，做到一只兔换一个针头；生物药品不用混合使用，更不能使用过期疫苗；装过生物药品的空瓶或当天未用完的生物药品，在用高浓度漂白粉溶液冲洗后焚烧或深埋处理。c. 免疫接种后 2~3 周内要观察接种兔，如果接种部位出现局部肿胀、体温升高症状，一般可不作处理；如果反应持续时间过长，全身症状明显，应及时诊治。d. 要建立免疫接种档案，每接种一次疫苗，都应将其接种日期、疫苗种类、生物药品批号等详细登记。

四、消毒及消毒方法

消毒的目的是消灭环境中的病原体，杜绝一切传染来源，阻止疫病继续蔓延，是综合性预防措施中的重要一环。应该树立正确的消毒观念：消毒胜过投药，消毒可以减少投药，投药不能代替消毒。选用优质的消毒剂做好彻底消毒工作十分重要。兔场必须制订严格的消毒规章制度，严格执行。

（一）物理消毒

（1）机械性消毒　用机械性的方法如清扫、洗刷、通风等清除病原体，是最普通常用的方法，主要是经常清扫粪便、杂物、洗刷兔笼、底板和用具。

（2）火焰消毒　用火焰喷灯喷出的火焰来消毒，通常喷灯的火焰温度达到 400～800℃，可用于消毒兔笼、笼底板、产仔箱等，消毒效果好，但要注意防火。在条件差的兔场可用农作物秸秆、竹片等点燃后进行火焰消毒。

（3）煮沸消毒　经煮沸 30 分钟后，一般生物可被杀死，适用于医疗器械及工作服等的消毒，在水中加入少量的碱，如用 1%～2% 的小苏打、0.5% 的肥皂或氢氧化钠等，可使蛋白质、脂肪溶解，防止金属生锈，提高沸点，增加杀菌作用。该法主要用于产仔箱内的布条、接产用的工具或注射用具等。

（4）阳光、紫外线、干燥消毒　日光中紫外线具有良好的杀菌能力，阳光的灼热和蒸发水分引起的干燥亦有杀菌作用。家兔的巢箱、垫草、饲草等在直射阳光下照射 2～3 小时，可杀死大多数病原微生物。

（二）化学消毒

常用化学药品的溶液来进行消毒。化学消毒的效果决定于许多因素，如病原体抵抗力的强弱、所处环境的情况和性质、消毒时的温度、药剂的深度、时间的长短，选择化学消毒剂时，应考虑选择对该病原的消毒力强，对人、畜的毒性小，不损害被消毒的物体，易溶于水，在消毒环境中比较稳定，不易失去作用，又价廉易得和使用方便等。

（1）消毒方法

①熏蒸消毒：将消毒药物加热或用化学方法，使药物产生气体，扩散至各处，密闭一定时间后通风。如用福尔马林、过氧乙酸等熏蒸。用福尔马林熏蒸时，按每立方米空间12毫升福尔马林，6克高锰酸钾的比例配齐。将福尔马林放入金属容器中，面积较大时，分放多点，密闭所有门窗，由里向外逐个加入高锰酸钾，迅速离开，关闭门窗，密闭24小时后通风换气，至无福尔马林气味后方可进兔。

②浸泡消毒：将消毒药品按比例配成消毒药液，将需消毒的笼底板等放入消毒液中，浸泡一定时间后取出，用清水洗净后凉干。

③喷雾消毒：将消毒药物按规定配成一定比例，用喷雾器喷雾空间、兔笼、墙壁及兔体。

④饮水消毒：将消毒药物按规定比例加入水中。

（2）消毒药品

①氢氧化钠（又称苛性钠、烧碱或火碱）：主要用于场地、笼舍、接产所用设备等的消毒。2%～4%溶液可杀死病毒和繁殖型细菌，30%溶液10分钟可杀死芽孢，4%溶液45分钟杀死芽孢，如加入10%食盐能增强杀芽孢能力。如消毒用具，1～2小

时后用清水冲洗干净即可。

②石灰（生石灰）：加水即成氢氧化钙，俗名熟石灰或消石灰，消毒作用不强。1%石灰水杀死一般的繁殖型细菌要数小时，对芽孢和结核菌无效。其最大的特点是价廉易得。在兔场可用20份石灰加水到100份制成石灰乳，用于涂刷墙体、笼舍、地面、粪沟、雨水沟等，或直接将石灰撒在地面、阴湿地面、粪沟、雨水沟、粪池周围等处消毒。

③漂白粉：杀菌作用快而强，价廉而有效，广泛应用于笼舍、地面、粪沟、雨水沟、车辆、饮水等消毒。饮水消毒可在1 000千克河水或井水中加6~10克漂白粉，10~30分钟后即可饮用；地面和路面可撒干粉再洒水；粪便和污水可按1：5的用量，一边搅拌，一边加入漂白粉。

④福尔马林：含37%~40%的甲醛水溶液，有广谱杀菌作用，对细菌、真菌、病毒和芽孢等均有效，在有机物存在的情况下也是一种良好的消毒剂，缺点是有刺激性气味。以2%~5%水溶液用于喷洒笼壁、地面、食槽及用具消毒；对封闭式兔舍熏蒸按每立方米空间用福尔马林30毫升，置于一个较大容器内（至少10倍于药品体积），加高锰酸钾15克，事前关好所有门窗，密闭熏蒸12~24小时，再打开门窗去味。熏蒸时室温最好不低于15℃，相对湿度在70%左右。

⑤过氧乙酸：是强氧化剂，有广谱杀菌作用，作用快而强，能杀死细菌、霉菌芽孢及病毒，不稳定，宜现配现用。0.04%~0.2%溶液用于耐腐蚀小件物品的浸泡消毒，时间2~120分钟；0.05%~0.5%或以上喷雾，喷雾时消毒人员应戴防护目镜、手套和口罩，喷后密闭门窗1~2小时；用3%~5%溶液加热熏蒸，每立方米空间2~5毫升，熏蒸后密闭门窗1~2小时。

⑥草木灰：其中有效成分是氢氧化钠和碳酸钠。配成20%～30%的溶液，其消毒效果与氢氧化钠相似。

⑦百毒杀：是一种季胺类消毒药，对细菌和病毒都有较好的杀灭作用。3 000倍稀释可对兔舍、兔笼、食槽和工具进行消毒。

⑧二氧化氯：其商品主要为二氧化氯泡腾片，具有杀菌广谱、速效、无毒副产物、无残留，用量少，药效长等特点，是国际上公认的含氯消毒剂中唯一的高效消毒灭菌剂。它可以杀灭一切微生物，包括细菌繁殖体、细菌芽孢、真菌、分枝杆菌和病毒等。兔场主要用于饮水消毒，使用时按说明将二氧化氯泡腾片放入水中静置30分钟即可饮用。

此外，还有来苏儿、新洁尔灭、高锰酸钾、消毒王和除菌净等。

（三）生物热消毒

生物热消毒主要用于污染粪便的无害处理，兔场应该将兔粪和污物集中堆放在离兔舍较远的偏僻处，使粪便堆沤后利用粪便中的微生物发酵产热，可使粪堆的温度达70℃以上。经过一段时间可以杀死病毒、病菌、球虫卵囊等病原体而达到消毒目的，同时又保持粪便的肥效。

第四节 肉兔常见疾病防治

一、病毒性出血症（兔瘟）

兔病毒性出血症又叫兔病毒性败血症或兔出血性肺炎，俗称兔瘟。是由病毒引起的一种急性败血性传染病，主要危害青、壮年兔，死亡率可达100%。哺乳仔兔不易感染，45～60日龄被感染的可能性较高。本病一年四季均可发生，冬春季节发病更多。病兔、死兔是主要传染源。

（一）临床症状

本病是兔的一种烈性传染病，依病情分为最急性、急性和慢性型。

最急性：健康兔感染病毒后10～20小时突然死亡，死亡前不表现任何病状，只是在笼内乱跳几下，即刻倒地抽搐、鸣叫而亡。有的鼻孔出血，肛门附近带有胶冻样分泌物。此类多发生在流行初期。

急性：健康兔感染病毒后24～40小时，体温升高至41℃左右，精神沉郁，不愿动，想喝水。临死前体温下降，瘫软，四肢不断划动，抽搐、尖叫。肛门松弛，肛门周围兔毛被少量黄色黏液沾染，粪球外有淡黄色胶样分泌物。有的死兔鼻腔流出泡沫样血液，死后呈角弓反张。此类多发生在流行中期。

慢性型：病兔精神沉郁，食欲减退或废绝，消瘦。有的病兔站立不稳，甚至瘫痪。有的病兔可以耐过，但生长缓慢。有的拖延5～6天后而死亡。此类多发生在流行后期或疫区。

（二）病理变化

本病特征性病理变化为各器官出血、瘀血、水肿，实质器官的变性和坏死。鼻腔、喉头和气管黏膜高度充血及点状出血，鼻腔和气管内充满血样泡沫和液体。肺脏水肿，有明显的大小不等的出血点，切面紫色，气管环状出血。肝脏肿大，呈土黄色或褐色，有出血点。肾脏明显肿大，瘀血，呈红褐色，表面或切面有出血点。脾脏肿大、瘀血呈黑紫色。膀胱积尿。

（三）防治措施

预防：a. 严禁从疫区购入种兔。本病流行期间严禁人员往来。b. 搞好环境卫生是控制疾病发生有效措施，深埋病兔，定期进行兔舍、兔笼及食槽等用具消毒。c. 定期用本病疫苗进行预防注射，断奶前后第 1 次接种，20～30 天后第 2 次接种，以后每 4 个月接种 1 次。

治疗：a. 为防止本病的扩散，死兔深埋或烧毁，隔离带毒的病兔，排泄物及一切饲养用具均需彻底消毒。b. 紧急预防。对未表现临床症状的病兔紧急预防主要有 2 种方法，即被动免疫和主动免疫。被动免疫为使用抗兔瘟高免血清，每兔皮下注射 4 毫升，可迅速控制病情，7 天后需再用疫苗进行注射。主动免疫为每兔皮下或肌肉注射 2～3 倍量的兔瘟疫苗，注射后 4～5 天病情可得到控制。

二、A 型魏氏梭菌病

本病是由 A 型魏氏梭菌引起的一种死亡率极高的兔急性胃肠道疾病。病兔出现下痢后在当天或次日即死亡，极少数可拖至 1 周。不同年龄（除未开料的仔兔）、品种、性别的家兔对本病均易感染。一般 1～3 月龄幼兔发病率最高。一年四季均可发生，冬、春两季发病率最高。长途运输、饲养管理不当、饲料突然更换、气候骤变等应激因素均可促使本病的暴发。

（一）临床症状

本病的显著症状为急剧下痢，临死前水泻，粪水具有特殊的腥臭味。病兔精神沉郁，两耳发凉，四肢无力。

（二）病理变化

胃多胀满，胃底部有大小不一的溃疡。盲肠浆膜，黏膜上有鲜红色的出血斑纹，膀胱积有茶色尿液。

（三）防治措施

平时应加强饲养管理，饲料中保持足够的粗纤维成分，减少应激因素的发生。用家兔 A 型魏氏梭菌氢氧化铝灭活菌苗进行预防注射，每年 2 次。断奶仔兔应及时预防注射。初发病兔每兔皮下或静脉注射抗 A 型魏氏梭菌高兔血清 4～6 毫升，辅以 20～40毫升、5% 葡萄糖盐水和补液，每天 2～3 次。同时口服青霉素 40万单位，每天 2～3 次。也可用土霉素、氯霉素等。

三、兔巴氏杆菌病

巴氏杆菌病是家兔常见的一种危害性较大的呼吸道传染病。由于很多家兔鼻腔黏膜带有巴氏杆菌而不表现临床症状。当气温突然变化，忽高忽低；兔舍空气污浊、潮湿，通风不良；兔群拥挤，长途运输；饲料质量差，饲养管理不当；其他疾病或任何应激，均可导致家兔的抗病力下降，存在于上呼吸道的巴氏杆菌得以大量繁殖、增强毒力而引起本病的发生。一年四季均可发病，以春秋季节多发，呈散发或地方性流行。各种年龄的兔均可发生，但以幼龄或体质虚弱的兔更容易感染。本病传播快，常造成整群发病，暴发时可全群覆灭。

（一）临床症状

急性败血症，生前未及发现病兆，突然死亡。亚急性型又称地方性肺炎，表现为体温升高，食欲废绝，腹式呼吸。慢性型可表现为鼻炎、结肠炎、中耳炎（歪头）、皮下脓肿及生殖器官炎症等。

（二）病理变化

急性败血症可见心肝、脾等充血，喉头、气管、肠黏膜出血。地方性肺炎可见胸腔积液，有纤维性渗出物。有时胸腔有脓液。

（三）防治措施

饲养管理：a.搞好兔场清洁卫生、保持通风干燥，做好防疫措施，增强机体抵抗力，消除应激因素。b.经常检查兔群，发现病兔尽快隔离治疗，严格淘汰病兔。兔舍、兔笼及场地最好用20%石灰乳或3%来苏儿消毒，对用具用2%火碱水洗刷消毒。

药物治疗：a.用抗生素治疗效果显著，可用氯霉素、庆大霉素肌肉注射，每兔0.5～1毫升，每日2次，连用3日。b.淘汰症状明显的病兔。对无症状健康兔注射菌苗进行预防，以增强兔体免疫力。

四、兔传染性鼻炎

传染性鼻炎是由若干种致病微生物引起的一种慢性呼吸道传染病，与环境因素密切相关，是家兔呼吸道主要传染病之一。本病在一年四季均可发生，尤其在不合理的兔舍建筑。如兔舍采光、通风不好，兔子拥挤，就更易导致鼻炎流行。

（一）临床症状

病兔以从鼻腔中排出浆液性、黏液性或黏液脓性分泌物为特征。病初，流清水样鼻涕，以后变黏稠，重者出现脓性分泌物，甚至一侧或两侧鼻孔内结痂，常形成鼻漏，病兔经常打喷嚏或咳嗽，由于分泌物刺激黏膜，发生瘙痒，兔子常用爪抓鼻孔，以致鼻孔周围的毛潮湿或脱落，或扭结成团，上唇、鼻孔及附近皮肤发炎肿胀，还可诱发结膜炎、中耳炎和乳腺炎，有时浓稠的分泌物堵塞鼻孔，病兔呼吸困难，发出鼾声。鼻炎的病程长短不一，长的终年不好转，或转为肺炎、肺脓肿而死，轻度症状鼻炎的兔吃食正常，但可感染其他健康兔。

（二）病理变化

病变仅限于鼻腔和鼻窦，常呈现鼻漏、鼻腔、鼻窦、副鼻窦内含有多量浆液、黏液或脓液，黏膜增厚、红肿或水肿，或有糜烂。

（三）防治措施

合理建筑兔舍，保证兔舍内光线充足，空气新鲜。并加强饲养管理，不从有鼻炎的兔场引种。用巴氏杆菌、波氏杆菌病二联苗或巴氏杆菌、波氏杆菌、葡萄球菌病三联苗免疫注射，可减少肺炎等急性死亡的发病率。对患有较轻鼻炎的家兔，可用鼻炎净饮水治疗。将病兔隔离，远离兔舍。用鼻炎净每毫升加水1千克，作为兔的饮水或拌料，连用5～7天，病情好转，再用一周，症状可消失。也可用卡那霉素肌肉注射，每天上、下午各1次，每次1毫升，连续3天，第4天开始用氯霉素肌肉注射，每天上、下午各1次，每次1毫升，连续3天。严重鼻炎的兔应坚决淘汰。

五、兔大肠杆菌病

兔大肠杆菌病主要引起家兔拉稀或便秘，粪便中常有胶冻样黏液，稍带腥臭味，还可引起败血症。多引起断奶后仔兔、青年兔腹泻，成年兔的便秘。兔大肠杆菌病一般多发在1～4月龄的仔兔，特别是第1胎的仔兔，最容易发生，死亡率非常的高。本病一年四季均可发生，尤以冬、春季较多发。由于饲养密度过大、通风不良、兔舍潮湿、卫生条件恶劣，饲料的突然改变等，多因素促使兔体机能紊乱，抵抗力下降，肠道菌群失调，造成致病性大肠杆菌大量繁殖产生毒素而致病。

（一）临床症状

病兔初期表现精神沉郁，食欲不振，呼吸困难，流鼻涕，腹部膨胀，粪便细小、成串，外包有透明、胶冻状黏液，随后出现水样腹泻，粪便污浊呈灰褐色或灰黄色，且腥臭。肛门周围、尾部、后肢和腹部被毛粘有水样粪便。病兔四肢发冷，磨牙流涎，眼窝下陷，迅速消瘦，卧伏不动，不时从肛门中流出稀便。急性病例通常在 1～2 天死亡，少数可拖至 1 周，一般很少自然康复。

（二）病理变化

腹泻病兔剖检可见胃膨大；十二指肠充满气体并被胆汁黄染；空肠、回肠肠壁薄而透明，内有半有透明胶冻样物和气体；结肠和盲肠黏膜充血；胆囊亦可见胀大，膀胱常胀大。便秘病死兔剖检可见盲肠、结肠内容物较硬且成形，上有胶冻，肠壁有时有出血斑点。败血型可见肺部充血、局部肺实变。仔兔胸腔内有多量灰白色液体，肺实变，纤维素渗出，胸膜与肺粘连。

（三）防治措施

饲养管理：兔场应加强饲养管理，搞好兔舍卫生，定期消毒。减少各种应激因素，特别是仔兔断乳前后，调整好兔饲料的营养平衡，饲料不能骤然改变，以免引起肠道菌群紊乱。

药物治疗：a. 按每千克体重用痢特灵 15 毫克或者黄连素 0.20 克给予肉兔内服用，每天 3 次，连续治疗 3 天。b. 腹泻及败血症等病兔治疗可用 5% 诺氟沙星，每千克体重 0.5 毫升，肌肉注射，1 天 2 次；庆大霉素每千克体重 2 万单位，肌内注射，1 天 2 次；螺旋霉素每千克体重 10 毫克，肌肉注射，1 天 2 次；卡那霉素 25 万单位，肌肉注射，1 天 2 次；止血敏或维生素 K 1 毫升，皮下注射，1 天 2 次，有良好的止泻作用；同时，应给病程稍长的病兔补液。静脉、皮下或腹腔缓慢注射 5% 葡萄糖盐水 10~50 毫升，另加维生素 C 1 毫升；口服磺胺片，1 天 3 次；鞣酸蛋白、矽炭银片等拌湿口服，1 天 2 次。c. 在预防本病时，可用兔大肠杆菌病多价灭活疫苗或多联苗进行免疫注射。

六、兔腹泻

腹泻是养兔中危害最严重的疾病之一，幼兔死亡率达 70%。发病原因主要有饲料搭配不当、气候突变、饮水不卫生、日常管理不当、精料饲喂过多、球虫爆发等。

（一）临床症状

精神沉郁，食欲不振或消失，粪便稀薄，甚至呈浆糊状或水样，肛门周围粘满粪便。尿液呈乳白色。有时排出混有未消化的饲料，黏液或胶冻样物的粪便，味恶臭。腹部膨胀，体温不高，被毛粗乱无光。消瘦，黏膜发绀，黄染，全身恶化。

（二）防治措施

饲养管理：兔舍不能过冷过湿；饲料应洁净、不腐败，并应定时定量；不能食有露水的草或结冰的饲料；饮清洁的水；气候潮湿时，应减少青绿饲料、豆渣，增加干草；遇天气变化应减料、换饲料应逐步到位；发病后全场立即停喂精料或减半饲喂。

药物治疗：a. 投喂磺胺脒，按每千克体重每日服 0.1~0.2 克，分 2 次服用，同时喂给干酵母和矽炭银片 1~2 片/只。b. 口服痢特灵，每千克体重 10 毫克，每日分 2 次服，连服 2~3 天。c. 选用庆大霉素、环丙沙星或氟哌酸肌肉注射，每只 1~5 毫升，每天 2 次。d. 由球虫引起的，用抗球虫药物，如地克珠利、氯苯胍等进行治疗。

七、兔便秘

肉兔便秘的原因是由于兔肠弛缓导致粪便积滞而发生的一种肠道疾病。多因饲养管理不当，精料过多，精粗饲料的搭配不当，长期饲喂粗硬干草，而缺乏青绿饲料及饲料中混有泥沙，加之饮水不足，食量过多而缺乏运动，误食兔毛等引起的肠运动减弱，分泌减退而导致肠弛缓，使其大量粪便停滞在盲肠、结肠、直肠内，水分被吸收，变成干硬状，阻塞肠道而致病。此外，食入纤维含量过低的饲料，肠壁缺乏刺激，运动机能减弱，在一些热性病、胃肠机能紊乱等全身性疾病的过程中，也会出现兔便秘的现象。

（一）临床症状

病兔食欲减退或废绝，肠音减弱或消失，初期排出的粪球少而坚硬，以后则排粪停止。有的兔头颈弯曲，俯视腹部或肛门，表现出排粪迟滞，肠管充满，当肠管阻塞而产生过量气体时，则有"肚胀"现象。严重时粪粒外包有一层白色胶样的物质，尿少而色深（多为棕红色），触摸腹部时，可感到大肠内聚积多量的干硬粪粒。

（二）防治措施

饲养管理：精粗饲料合理搭配，并供给充足的饮水和青绿多汁的饲料及含纤维较多的饲料。加强运动，一旦发现便秘，应及时给予治疗，切勿拖延其病情。

药物治疗：a. 人工盐或硫酸钠，成年兔5克，幼兔减半，加适量水内服，每日1～2次，连服2～3天。便秘消失后应立即停药。b. 液体石蜡或蓖麻油，成年兔16毫升，幼兔8毫升，加等量水内服，每天1～2次，连服2～3天。c. 用温肥皂水40毫升灌肠（45℃左右），将导尿管插入患兔直肠，用不带针头的注射器接导尿管，再慢慢地把温肥皂水灌入，然后一手迅速按住肛门，另一手轻轻按摩结粪5~10分钟。d. 花生油或菜油25毫升，蜂蜜10毫升，水适量，内服，每日一次，连服2~3天。

八、母兔乳房炎

母兔乳房炎是产仔母兔常见的一种疾病，常发生于产后1周左右的哺乳期，轻者影响仔兔吃乳，重者造成母兔乳房坏死或发生败血症而死亡。该病常因母兔怀孕期饲喂营养过剩、产后乳汁过稠、乳房及产房不清洁、哺乳仔兔少、缺乏饮水或乳房外伤引起细菌感染而发生。

（一）临床症状

发病初期在乳房局部出现不同程度的红色肿胀、增大、变硬、皮肤紧张，继之肿块呈红色或蓝紫色，界线分明。1~2天后硬肿块逐渐增大，发红发热，疼痛明显，触之敏感，病情加重。脓汁形成，肿块变软，有波动感。当肿块出现凹陷，变成蓝紫色，体温升高，精神沉郁，呼吸加快，食欲减少或废绝。病情加重时，坏死有毒产物吸收或乳腺管破裂引起全身感染，最后易导致败血症而死亡。

（二）防治措施

饲养管理：a. 保持兔舍、兔笼、兔分娩箱的清洁卫生，兔笼、分娩箱出入口处要平滑，以防止造成乳房外伤而感染。b. 产前应加强饲喂管理，适当减少精饲料，以防产后乳汁过多。c. 在母兔泌乳期间应充分供给饲料和饲草，仔兔断奶后及时减少喂料。

药物防治：a. 小范围乳房炎可注射青、链霉素各40万~

50 万单位或庆大霉素 1 毫升，每天 2 次，连用 3 天。b. 较大范围乳房炎，在患病初期乳房红肿时用冷毛巾敷盖，乳房较冷时用热毛巾热敷，每日 3~4 次，每次 15~30 分钟。在发炎部位多点注射青霉素、链霉素各 80 万单位肌肉注射，每天上、下午各 1 次，病情好转后改为每天肌肉注射青链霉素 50 万单位，分 2 次注射。c. 对已形成脓肿的乳房炎，需开刀排脓，用消毒药水清洗后，撒上消炎粉或青霉素粉，同时做全身治疗，注射抗菌素或口服磺胺类药物。d. 繁殖母兔每年 2 次皮下注射葡萄球菌病菌苗，可以减少本病发生。

九、兔脓肿

为局限性化脓性炎症，主要特征为组织发生坏死溶解，形成充满脓液的腔，称为脓肿。可发生在皮下或内脏，常由金黄色葡萄球菌引起。机对缺乏维生素 B_2 和维生素 B_{12} 时，机体对化脓菌的抵抗力下降，是本病的诱因。直接因素是由于小伤口感染引起，包括注射时消毒不严、局部外伤感染等，也有经血液和淋巴转移而形成的脓肿。

（一）临床症状

（1）急性浅表脓肿 局部增温、疼痛和肿胀。肿胀中央逐渐软化而有波动感，并有自溃倾向，皮肤变薄，被毛脱落，继之皮肤破溃向外排脓。

（2）急性深部脓肿 初期炎症表现不明显，注意观察可发现皮肤和皮下组织轻微炎性水肿，触诊疼痛，常有指压痕，有时活动不自如。脓肿成熟后，波动感也不明显，深部穿刺见到脓汁方可确诊。

（3）慢性脓肿 发生发展缓慢，局部炎症反应轻微或无。有的脓肿膜很薄，外表似脓肿，有波动感；有的脓肿壁增生大量的纤维结缔组织，外表似纤维瘤。有的脓汁逐渐浓缩甚至钙化。

（二）防治措施

饲养管理：消除引起外伤的原因，加强饲养管理，补充富含维生素 A、维生素 B、维生素 C 和蛋白质的饲料。

治疗方法：a. 脓汁抽出法。局部剪毛消毒后用注射器将脓肿腔内的脓汁抽出，然后用生理盐水反复冲洗脓腔。抽净腔中的液体，最后灌注混有青霉素的溶液。b. 脓肿切开法。脓肿出现波动后切开。剪毛消毒后在最软化部位切开，脓汁要尽力排尽，但切忌用力压挤脓肿壁，如果一个切口不能彻底排出脓汁时，亦可根据情况作必要的辅助切口，然后用消毒液或生理盐水反复清洗脓腔，最后用脱脂纱布轻轻吸出残留在腔内的液体。

十、兔脚皮炎

兔脚皮炎也叫干爪病。该病是由兔舍潮湿、卫生条件不好，或患兔脚被刺伤，葡萄球菌侵入引发的蜂窝组织炎所致。

（一）临床症状

患兔脚爪在开始出现充血、肿胀、脱毛、形成出血溃疡。病兔表现出不愿活动，后肢抬起，怕负重，或轮换脚负重，有时用嘴啃患处。食欲减少，逐渐消瘦，有时也会出现全身性感染，呈败血症死亡。

（二）防治措施

饲养管理：a. 兔笼底板最好选择竹片制作，并且平整，无钉子头外露，笼内无锐利物等；如为铁丝笼，在底板上最好另行添加竹片底板或兔用脚垫。b. 保持兔笼清洁卫生和干燥。c. 对具有习惯性脚皮炎的家兔，不选作种用。

药物防治：a. 对有轻度炎症的兔，在患部涂抹肤炎平等药膏，每天2~3次。将病兔的笼底板垫上硬纸盒等，连续用药5天。b. 对已化脓的患部，先清除坏死组织，再消毒，然后用皮炎康等药膏涂患处，用4~6层纱布包裹患处，隔2~3天换药1次。将病兔放在较软的笼底板上，直至伤口愈合，脚毛生长浓密再放回原笼。c. 用葡萄球菌病灭活菌苗进行预防注射，每年2次。

十一、球虫病

球虫病是兔最常见且危害严重的寄生虫病，本病病原是兔艾美尔球虫。球虫属于单细胞原虫，寄生于兔的至少有14种。各品种的家兔都易感染，尤以断奶到3月龄的兔最易感染，成年兔因抵抗力强，一般都能耐过，但不断排出卵囊，污染环境，传染给其他易感兔。此病全年发生，呈地方性流行。

（一）临床症状

按球虫寄生部位不同，可分为肝型球虫和肠型球虫。但往往常为混合感染。

（1）肝型球虫病 病初食欲减退或废食、伏卧不动、精神沉郁。两眼无神、眼鼻分泌物增多、贫血、下痢、幼兔生长停滞、消瘦、肝脏肿大，触诊疼痛。

（2）肠型球虫病 大多呈急性经过。多数侵害30~60日龄小兔，发病时突然倒下，肌肉痉挛，背部肌肉抽搐。后肢强直，四肢作不随意曲划动，头向后仰，发出惨叫而死，死前仍有食欲。慢性肠球虫病表现为食欲不振、腹胀、下痢。

（二）病理变化

一般死兔消瘦，被毛粗乱无光，肛门周围被粪便污染。解剖后有的可见肠壁血管充血，肠黏膜充血并有点状溢血，小肠内充满气体和大量黏液，有时肠黏膜覆盖有微红色黏液。慢性病例在肠黏膜上（尤其是盲肠蚓突部）有许多小而硬的白色结节（内含大量球虫卵囊），有时可见化脓性坏死；有的可见肝肿大，肝表面及实质有白色或黄色粟粒大至豌豆大的结节性病灶，沿胆小管分部，取病灶压片镜检，可见到不同发育阶段的球虫，陈旧病灶内容物转变成粉样钙化物。有时腹腔充满稀薄带有血色的液体。慢性病例，胆管和肝小叶间部分结缔组织增生而引起肝细胞萎缩和肝体积缩小，囊胆肿大，胆汁浓稠色暗。

（三）防治措施

饲养管理：a. 兔笼应选择向阳、干燥的地方，并要保持环境的清洁卫生。b. 食具要勤清洗消毒，兔笼尤其是笼底板要定期开水消毒，以杀死卵囊。c. 每 2～3 个月检验粪便。d. 仔兔采用母子分笼饲养，避免仔兔误食兔粪后感染。

药物防治：防治球虫病的药物较多，但不能长期单独使用一种药物，应经常更换或 1～2 种交替使用，另外药物剂量要足，搅拌要均匀，要按规定疗程进行，疗程不足会影响防治效果还易发生耐药性。a. 氯苯胍。预防按每千克饲料加入 150 毫克直接喂服，疗程 45 天，间歇 1 周后，继续下一疗程，治疗量倍增。b. 磺胺二甲氧嘧啶。饮水使用浓度，治疗剂量为 0.05～0.07%，预防剂量为 0.025%；拌料使用，第 1 天以 0.32% 浓度拌料，以后 4 天的剂量为 0.15% 浓度拌料，间隔 5 天后重复一个疗程。c. 地克珠利。广谱苯乙腈类抗球虫药，以每 100 千克饲料混 1‰地克珠利预混剂 100 克，治疗量倍增。d. 盐霉素。如用于预防兔球虫病，每千克饲料中添加盐霉素 25 毫克，如治疗则加 50 毫克。e. 莫能菌素。如预防兔球虫，每千克饲料中添加 25 毫克，治疗则添加 50 毫克。f. 球痢灵。又叫硝苯酰胺，预防量为每千克饲料中添加 125 毫克，治疗量为添加 250 毫克。

在众多抗球虫药中，含有马杜霉素的各种剂型的药不能用于兔，否则会发生中毒死亡。

十二、疥螨病

疥螨病是家兔常见病、多发病之一，俗称"生痂"或"生癫"，是兔疥螨寄生于皮肤的一种寄生虫病。本病具有高度的侵袭性，发病后如不及时采取有效的防治措施，会迅速传遍全群，造成严重危害。本病特征为患部剧痒、兔体消瘦，皮肤结痂和脱毛。

（一）临床症状

按疥螨的寄生部位可分为耳螨和体螨。耳螨发生于耳壳内面，病原是痒螨。在耳根内面发生红肿，有渗出物，结成粗糙、增厚的黄色痂皮，严重时呈纸卷状塞满耳道。患兔经常摇头，用后肢抓挠头耳部。病兔消瘦。体螨主要寄生于脚趾，严重时可感染口鼻端及全身。病原是疥螨。患部皮肤变厚、龟裂，毛脱落，形成很厚的糠麸样结痂。患兔由于奇痒而无法安静，逐渐消瘦虚弱，最后死亡。

（二）防治措施

饲养管理：a. 定期消毒兔舍、兔笼及用具，笼底板要定期浸泡于 2% 敌百虫水溶液中消毒洗刷，洗净后晾干，用火焰喷灯消毒。b. 定期检查兔群，一旦发现本病，要及时予以隔离、消毒、治疗，尽量缩小传播范围。

药物防治：在治疗时要先剪去患部周围被毛，用温水浸软痂皮后，仔细刮除，再行涂药。以提高疗效。每次治疗的同时应对兔笼及用具、兔舍进行消毒，这时治疗效果的巩固至关重要。a.

2%敌百虫水溶液或软膏擦洗、浸泡或涂抹患部，隔7天重复1次，直至治愈。b. 0.1%乐杀螨溶液涂擦患部，隔7天重复1次。c.蝇毒磷是治疗疥螨的有效药物。以毛笔蘸取蝇毒磷药液（16%蝇毒磷乳油加水70倍稀释而成）涂擦患处，隔7天重复1次。d.碘甘油合剂治疗耳螨。以5%碘酊3份、甘油7份混合涂擦患部。隔7天重复1次。e.灭虫丁注射液，每千克体重皮下注射0.2毫升，也可涂擦患部。隔7~10天重复1次。

十三、真菌病

真菌病一年四季均有发生，群发常见于春季和秋冬季节。仔兔20日龄左右就出现毛癣，至60日龄左右逐渐消失。如果不注意防治，常造成复发；青年兔发病凶猛，被毛呈梯状脱落，像癞痢头，生长停滞，常并发疥癣。

（一）临床症状

仔兔、幼兔真菌病大多发生在鼻、眼、嘴无毛处，患部皮肤微红肿、有皮屑，后期转褐斑，眼周围突出似带眼框，生长停滞，显瘦弱。有的兔大腿内侧绒毛脱光，此时不注意防治易引起死亡。随日龄增长，被毛呈梯形剪断，严重的基本毛发脱光。

（二）防治措施

饲养管理：加强饲养管理，保持兔舍笼内通风、干燥、卫生，有本病发生时兔舍、兔笼、食槽、用具等要进行全面彻底消毒，场舍和用具以火焰消毒效果最好；消灭老鼠、蚊蝇，防止猫、犬等其他动物进入兔舍内。

药物治疗：对感染真菌兔用伊维菌素皮下注射，每7天1次，连用2次，同时每日口服1片灰黄霉素（连服10天）。也可针对患兔局部涂擦克霉唑药水溶液或软膏，每天3次，直至痊愈。

十四、异食癖

有些兔除了正常的采食外，还出现咬食其他物体，如食仔、食毛、食土等，这些现象多为营养代谢病，称之为异食癖。

（一）主要类型及病因

（1）食仔癖　母兔产仔后，将其仔兔部分或全部吃掉。以初产母兔最多，多发生在产后 3 天以内。其主要原因：a. 营养缺乏，尤其是蛋白质和矿物质不足，产后容易出现食仔。b. 母兔在产前和产后没有得到足够的饮水，舔食胎衣和胎盘，口渴而黏腻，此时如果没有提前备有饮水，有可能将仔兔吃掉。c. 产仔期间和产后，母兔精神高度紧张，如果此时受到噪声、震动或动物等的惊吓，造成精神紊乱，多出现吃仔、咬仔、踏仔或弃仔（不再给仔兔哺乳）等现象。d. 产仔期间周围环境或垫草有不良气味（如老鼠尿味、发霉味、香水味等），造成母兔的疑惑，从而将仔兔当仇敌吃掉。e. 母兔一旦吃仔，尝到了吃仔的味道，可能在以后产仔时旧病复发，形成恶癖。

（2）食毛癖　吃毛分自吃和它吃，以它吃为主。在群养时，当 1 只兔子吃毛，诱发其他家兔都来效仿，而往往是都集中先吃同一只兔。有的将兔毛吃光后连皮肤也撕破吃掉。研究认为，吃毛的主要原因是饲料中含硫氨基酸（蛋氨酸和胱氨酸）不足，忽冷忽热的气候是诱发因素，以断乳至 3 月龄的生长兔最易发病。

（3）食足癖　即家兔将自己的脚部皮肉吃掉。由于腿部或脚部肌肉、血管、皮肤和神经受到一定损伤，造成代谢系乱，使血液循环障碍，代谢产物不能及时排出，脚部末端炎性水肿，刺激家兔痛痒难忍而发生食足。

（4）食土癖　由于饲料中均缺乏食盐、钙、磷及微量元素，当有土时便不停的啃食。

（5）食木癖　家兔啃食笼舍内的木制或竹制的门窗和器具等。主要是因饲料中的粗纤维含量不足，饲料的硬度不够，使家兔不断生长的门齿得不到应有的磨损所致。

（二）防治措施

异食癖是由多种原因所致的代谢疾病。有的是一种或少数几种原因引起，有的是多种因素所致，主要防治措施是加强饲养管理。

（1）食仔癖　应保证营养、提供充足的饮水、保持环境安静和防止异味刺激等。母兔在没有达到配种年龄和配种体重时，不要提前交配。对于有食仔经历的母兔，应实行人工催产，并在人工看护下哺乳。一般来说，经过1周的时间，不会再发生食仔现象。

（2）食毛癖　应及时将患兔隔离，减少密度，并在饲料中补充0.1%～0.2%含硫氨基酸，添加石膏粉0.5%、硫黄1.5%，补充微量元素等。一般经过1周左右即可停止食毛。

（3）食足癖　保证板条平整，间隙适中，防止兔脚卡在间隙里造成骨折。还应积极预防脚皮炎和脚癣。

（4）食土癖　按营养需要，在饲料中补加食盐、骨粉和微量元素等，很快即可停止。

（5）食木癖　在配合饲料中应有足够的粗纤维，提倡有条件的兔场使用颗粒饲料。平时在兔笼的草架里放些嫩树枝或剪掉的果树枝，让其自由采食，既可预防异食，又可提供营养。

十五、霉变饲料中毒

因饲料或原料中含有的水分较多或者在压制成颗粒饲料后没

有及时摊凉风干，在适宜的温度下，饲料中的真菌大量繁殖，产生毒素。这种饲料一旦被家兔摄入，就会造成霉菌毒素中毒，引发死亡。

(一) 临床症状

初期食欲减退甚至拒食，精神不振，可视黏膜黄染，被毛干燥粗乱，不愿活动，常趴卧在笼内；流涎或流泡沫性鼻液，消化出现紊乱，腹胀、便秘或拉稀，粪便中带有黏液；随着病情加重，出现神经症状，后肢瘫软，全身麻痹死亡。急性的常窒息或衰竭而死，慢性中毒的则病程较长。日龄小的仔兔、幼兔及日龄大而体弱的兔发病多，死亡率高；孕兔则发生流产、死胎、瘫软或瘫痪；公兔则表现出死精、无精症。

(二) 病理变化

剖检可见肠胃有出血性坏死炎症，胃与小肠充血、出血；肝肿大、质脆易碎，表面有出血点；肺水肿，表面有小结节；肾脏瘀血。

(三) 防治措施

本病应以预防为主，不用受潮结块或霉变的原料压制颗粒饲料，平时要妥善保管饲料，勿使霉变，绝对禁用霉变饲料喂兔。一旦发生中毒，应即停用霉变饲料并调换洁净饲料。此病无特效药物，对轻度中毒兔可口服硫酸镁或硫酸钠等盐类泻剂排毒，静脉注射或腹腔注射50%葡萄糖液10～20毫升和维生素C 2毫升，每天1～2次，连续3～5天。

第十章

肉兔主要产品综合利用

第一节　兔肉的营养特点

俗话说："飞禽莫如鸽，走兽莫如兔"。据《本草纲目》记载：兔肉性寒味甘，具有补中益气、止渴健脾、凉血解热、利大肠之功效。兔肉的营养特点可归纳为"三高三低"，"三高"指的是高蛋白质、高赖氨酸、高消化率；"三低"指的是指的是低脂肪、低胆固醇和低热量。在健康、减肥风行的时代，它的营养和保健作用满足了不同人们对于食物的特殊营养需求。

一、兔肉的基本化学成分和能值

兔肉以高蛋白质、低脂、低热量而优于其他肉类（表10-1），兔肉的蛋白质含量（18～24克/100克）高于其余肉类；与公牛肉（3～15克/100克）和猪肉（3～22克/100克）的脂肪相比，兔肉（0.6～14克/100克）也明显含有更少的脂肪；此外，兔肉的热能值也较猪肉、牛肉低。

表 10 – 1　不同肉类的化学成分和能值变化范围（每 100 克肉中）

品种	水分（克）	蛋白质（克）	脂类（克）	能量（千焦）
兔肉	66.2 ~ 75.3	18.1 ~ 23.7	0.6 ~ 14.4	427 ~ 849
鸡肉	67.0 ~ 75.3	17.9 ~ 22.2	0.9 ~ 12.4	406 ~ 808
小牛犊肉	70.1 ~ 76.9	20.3 ~ 20.7	1.0 ~ 7.0	385 ~ 602
公牛肉	66.3 ~ 71.5	18.1 ~ 21.3	3.1 ~ 14.6	473 ~ 854
猪肉	60.0 ~ 75.3	17.2 ~ 19.9	3 ~ 22.1	418 ~ 1121

为了更深入地了解对兔肉的营养成分，便于消费者日常膳食的选择，Hernandez 和 Dalle Zotte 对不同部位的兔肉的营养成分进行了研究发现，腰部和后腿这 2 部位的兔肉蛋白质含量较高（平均 22 克/100 克）；后腿中蛋白质和水分变化很小，说明后腿的组分是相对稳定的；前腿的蛋白质含量最低；腰部是兔胴体中最瘦的，脂质平均含量为 2 克/100 克，是各部位中含量最少的；兔肉中最肥的部位则是前腿，脂质含量最高（表 10 – 2）。

表 10 – 2　兔肉各部位的化学成分和能值（每 100 克肉中）

项目	前腿	腰部（背长肌）	后腿	胴体
水分（克）	70	75	74	70
粗灰分（克）	—	1	1	2
蛋白质（克）	19	22	22	20
脂质（克）	9	2	3	8
能量（千焦）	899	603	658	789

二、兔肉中的氨基酸含量

兔肉中的蛋白质属于完全蛋白质，含有人体不能合成的 8 种必需氨基酸（essential amino acid，EAA）。从氨基酸的绝对含量来看，兔肉优于猪肉、羊肉、鸡肉；从组分上来说，兔肉中的氨基酸以谷氨酸、天冬氨酸、亮氨酸和赖氨酸为主，且均高于其他肉类，以赖氨酸最为显著（除鸡胸脯肉外）；同时，兔肉的必需氨基酸含量也高于猪肉、羊肉和鸡大腿肉。较高的必需氨基酸含量也解释了兔肉极佳的食用性能。

三、兔肉的脂肪酸组成和胆固醇、磷脂含量

Pla 等用气相色谱法分析、近红外光谱法校正，对兔子后腿肉的脂肪酸含量进行了分析，结果表明，兔后腿肉中以棕榈酸（28.12%）、油酸（24.72%）、亚油酸（26.88%）居多，是兔肉典型的特征。其饱和脂肪酸（saturated fatty acid，SFA）、单不饱和脂肪酸（mono unsaturated fatty acid，MUFA）、多不饱和脂肪酸（polyunsaturated fatty acid，PUFA）含量分别为 30.26% ~ 46.03%、20.81% ~ 37.21%、19.34% ~ 48.91%；并对有机系统饲养和传统饲养下的兔肉的脂肪酸含量进行了比较，认为前者有较低的单不饱和脂肪酸，较高的多不饱和脂肪酸，饱和脂肪酸差异不大。

Wood 等对猪肉、羊肉、牛肉的腰部肌肉（除去皮下脂肪）的脂肪酸组成进行了报道。经比较，兔肉脂肪中硬脂酸的比例较其他肉类低，同时含有人体不能合成的必需脂肪酸——亚油酸和 α-亚麻酸，且含量分别为 26.88%、3.03%，均高于其他几种肉类。多不饱和脂肪酸与饱和脂肪酸的比值（P∶S）也是最高的（0.85），即兔肉含有较其他肉类更高比例的多不饱和脂肪酸。兔肉 n-6 与 n-3 多不饱和脂肪酸比值为 9.7，符合联合国粮农和组织世界卫生组织（FAO/WHO）建议值［（5 ~ 10）∶1］，但与中国

营养学会在 DRIs 标准中的建议值 [（4~6）：1] 相比，则较高。已有研究表明，膳食具有较低的 n-6 与 n-3 比值，可以降低一些在西方国家和发展中国家普遍流行的慢性病。

除此之外，在常见肉类中，兔肉中的胆固醇是最低的，无论是胴体，还是后腿都低于猪肉、牛肉、鸡肉，见表 10 - 3。胆固醇不溶于水，也不溶于稀碱，不能皂化，在食品加工中几乎不会受到破坏，而在胆道中沉积后可形成胆结石，在血管壁上沉积可使动脉发生粥样硬化，是导致心脑血管系统疾病的重要原因之一。也有研究表明，较高的胆固醇摄入量会增加患胰腺癌的风险。有人分析了 3 种不同遗传起源组的兔子后腿肉的磷脂含量，没有差异，约为 216 毫克/100 克。

表 10 - 3　不同肉类的胆固醇含量（平均值）　（毫克/100 克）

名称	兔肉		猪肉	牛肉	小牛肉	鸡肉
	胴体	后腿				
胆固醇	45	60	61	70	66	81

四、兔肉中的矿物质和维生素

Dalle-Zotte 等研究表明：兔肉含有比其他肉类都高的磷元素和钾元素，和比其他肉类都低的钠元素；铁元素低于猪肉、牛肉，高于鸡肉；硒元素与鸡肉相当，低于牛肉，高于猪肉。Hermida 等对兔子后腿的矿物质进行了分析，常量元素磷、钾、钠、镁、钙的平均含量分别为 237、388、60、27、8.7 毫克/100 克；微量元素锌、铁、铜、锰平均含量分别为 10.9、5.56、0.78、0.33 毫克/千克。兔肉富含磷元素，高铜高锰，含有比其他肉类少的锌、铁，高钾低钠，这就形成了兔肉最显著的特征，非常适合高血压患者食用。孙春华等用光谱法对獭兔肉中的微量元素进行了检测，发现元素镁、磷、锶、铜、锌等含量基本接近，元素铁、钙差异较为明显，铝、铅、镉、钴等有害元素含量非常低，有的没有检出。

维生素 B_{12}（又称钴胺素）缺乏是一个世界范围内普遍存在的问题，且它只能通过动物性食物获取。兔肉有着明显高于其他肉类的维生素 B_{12} 含量（8.7~11.9 毫克/100 克）；兔肉中的维生素 B_1（又称硫胺素）含量（0.18 毫克/100 克）高于牛肉、鸡肉，低于猪肉；维生素 A（又称视黄醇）含量（0.16 毫克/100 克）低于鸡肉，高于猪肉、牛犊肉；烟酸含量低于其他肉类；维生素 B_2（又称核黄素）、维生素 B_6 含量差异不大。李永波等对几种常见肉类的 B 族维生素进行了测定，研究表明，不仅不同种类肉的微量营养素含量不同，同种动物不同部位的肉含量也不同；分析认为，除马肉、鸵鸟肉外，兔肉的维生素含量是较高的。

兔肉具有高蛋白质、低胆固醇、低热量、高比例的多不饱和脂肪酸、高赖氨酸、高钾低钠、高维生素 B_{12} 等特点，有助于改善我国居民目前高脂肪、低 B 族维生素等的膳食现状，兔肉同时对预防高血压、冠心病、动脉硬化等疾病也非常有利。

第二节　屠宰及加工

兔肉从营养角度来说，是一种高档优质肉类，可以加工成多种兔肉制品，如腌腊制品、肉干、肉条、熏兔、兔肉香肠、罐头等。

一、肉兔的屠宰及冷冻保鲜

(一) 宰前准备

为了保证兔产品的质量，对宰前的候宰兔必须做好宰前检查、宰前饲养、宰前断食等工作。进入屠宰场的候宰兔体重不得低于1.5千克，兽医检疫人员主要进行产地疫情调查、隔舍饲养、临床检查和实验室诊断，经确诊为健康的候宰兔后即可转入饲养场进行宰前饲养。候宰兔经兽医人员检疫后，可按产地、品种强弱等情况进行分群、分栏饲养，这时的饲养是以弥补运输途中造成的损失、增加体重、改善肉质为目的饲养。饲料应以精料为主，青料为辅，尤以大麦、麸皮、玉米、甘薯、南瓜等最为适宜。宰前12小时应断食，宰前2~4小时应停止供水，这样既有利于减少消化道内容物，防止加工过程中的肉质污染，又能促使肝脏中的糖原分解为乳酸，抑制微生物繁殖，同时还可使兔肉肉质肥嫩，肉味增加，并且降低成本，保持临宰兔的安静休息，有助于屠宰放血。

(二) 屠宰方法及加工整理

(1) 屠宰方法 肉兔处死的方法很多，常用的有颈部移位法、棒击法和电麻法等，但以电麻法为佳，通常用电压为40~70伏特，电流为0.75安培的电麻器轻压耳根部，使其触电致死，这是正规化屠宰场广泛采用的处死方法。采用电麻法常可刺激心跳活动，缩短放血时间，提高宰杀取皮的劳动效率。

(2) 放血 放血以切颈放血较常见。将其后肢吊起，左手提住两耳，右手持刀切断血管、食管、气管三管，放血2~3分钟。此法放血充分，如果处死后放置时间过长、兔处死前过于疲劳或放血时间不够，容易出现放血不尽，导致细菌繁殖，影响肉质。

放血后，为防止兔毛飞扬、沾污肉尸，应对肉尸进行淋浴或揩水。

（3）剥皮　大型机械化屠宰厂多用链条剥皮机，一般多采用半机械化剥皮，即先用手工操作，将已宰肉兔挂在铁钩上，从后肢膝关节处平行挑开，剥至尾根部，再用双手紧握兔皮的腹背部剥至前腿处，然后把尾部兔皮送入剥皮机进行剥皮。小型肉兔加工厂和农村多采用手工操作剥皮，有平剥和袋剥法。

（4）截肢去尾　截肢时，从腕关节稍上方截断前肢，在跗关节上方截断后肢，从第1尾椎处去掉兔尾，包括尾根。

（5）剖腹取内脏、修整　从腹线正中开腹，刀口不要偏斜，下刀不要太猛，也不要开得过长。腹部剖开后，取下盲肠、膀胱、大肠和小肠，然后再割开横膈膜，用手指伸入胸腔抓住气管，将心、肺连同肝、胃一并取出，取出的脏器放一边，便于宰后检验。宰杀、剥皮、开膛后，要进行严格的检验，对内脏各部位、各个器官都要认真的查看；看颜色、大小是否正常，有没有充血、瘀血，有没有炎症、肿块、寄生虫等，确认是健康的、无病的兔肉，就可以摘除内脏，再用干净的水冲洗，水干后还要整修一番，把胴体表面和腹内的表层脂肪、没摘干净的内脏、气管、胸腺等全部摘除。后腿内侧的血管不要切断，从骨盆腔内挤出血液，再用湿布或毛巾擦净胴体内外的血液、碎肉、浮毛，肉兔宰杀就完成了。剖腹、取内脏是宰杀过程中非常重要的部分，需要特别谨慎，否则会造成内容物污染胴体。

（三）分级标准

我国出口的冻兔肉，主要有带骨兔肉和分割兔肉2种。一种是带骨兔肉分级标准每只净重1 501克以上为特级，每只净重1 001～1 500克为一级，每只净重601～1 000克为二级，每只净重 400 ~ 600 克为三级。另一种是分割兔肉分级标准,自第 10 ~ 11 肋骨间切断,沿脊椎骨劈成两半为前腿肉,自第 10 与第 11 肋骨间向后至腰荐处切下,劈成两半为背腰肉;自腰荐骨向后,沿荐椎中线劈成两半为后腿肉。

(四)冷冻保鲜

兔肉加工以冷冻为宜,冷冻保存不但可阻止微生物生长、繁殖,还能促进物理、化学变化而改善肉质,所以冻兔肉具有色泽不变、品质良好的特点。冻兔肉的生产工艺流程为:原料→修整→复检→分级→预冷→过秤→包装→速冻→成品。

(1)散热冷却 又称预冷,据测定,刚屠宰的胴体温度一般为 37℃左右,预冷的目的就是为了迅速排出胴体内部的热量,降低胴体深层的温度并在胴体表面形成一层干燥膜,阻止微生物的生长和繁殖,延长兔肉保存时间,减缓胴体内部的水分蒸发。冷却间的温度最好维持在 -1 ~ 0℃,最高不宜超过 2℃,最低不得低于 -2℃,相对湿度最好控制在 85% ~ 90%,经 2 ~ 4 小时即可进行包装入箱。

(2)包装 在兔肉分割前,先称取 5 千克为一堆,整块的平摊,零碎的夹在中间,然后用塑料包装袋卷紧。带骨或分割兔肉均应按不同级别用不同规格的塑料袋套装,外用塑料或瓦楞纸板包装箱,带骨兔肉装箱时应注意排列整齐美观、头尾交叉,以利透冷、降温,箱外需 3 道打包带,成 "＋＋" 形,即横一竖二,以防速冻或搬运时破损、散落。

(3)冷却方法 速冻间温度应在 -25℃以下,相对湿度为 90%,速冻时间一般不超过 72 小时,试测肉温达 -15℃时即可转入冷藏。为加快降温,采用开箱速冻法,将 72 小时速冻压缩到 36 小时,既节电,又可提高冻兔肉品质。具体做法是:打开箱盖，送入管架速冻，待速冻后再打包，转入冷藏室进行贮藏。

（4）冷藏条件　为保持肉温不上升，将已经冻结的兔肉在冷藏间贮藏待运。合理的冷藏条件是：冷库温度应保持在 -19 ~ -17℃，相对湿度为90%，冷库内温度升降幅度一般不得超过1%，在大批量进出货过程中，一昼夜升温不得超过4℃。

对冷冻室中的空气、设施、地面、墙壁等乃至工作人员均应保持良好的卫生条件。在冷冻过程中，与胴体直接接触的挂钩、铁盘、布套等只宜使用一次，在重复使用前，须经清洗、消毒、干燥后再用。实践证明，用这种方法冷藏的兔肉，冷库温度愈低，保藏期愈长。在4℃冷库中，保藏期仅35天；在 -5℃条件下，保藏期为42天；在 -12℃条件下，保藏期可达100天左右；在 -19 ~ -17℃条件下，则能保藏6~12个月。

二、五香兔肉

（一）选料及预处理

选用1.5千克重的肉兔，宰杀后除去瘀血、杂物和毛，用清水洗净，切块，分为头、颈2块，前、后腿4块，中部1块。然后入锅加水，用旺火煮沸5分钟，除去水腥气，然后用凉水漂洗，冷却备用。

（二）配料

净兔肉100千克，丁香、乳香、桂皮、八角、陈皮、硝水、精盐各100克，麻油3千克，黄酒5千克，白糖6千克，上等酱油5千克。将五味香料碾碎，装袋扎口，放入锅内，再加清水适量，放入黄酒、白糖、精盐，在旺火上煮成卤水。

（三）浸卤

将兔肉块放入卤锅，以旺火煮透后捞出，抹去浮沫，晾凉后再用清水漂洗 1 小时，取出沥干。把肉块放入用硝水、葱花、姜汁配成的溶液中浸泡 30 分钟，取出沥干，再用熟麻油涂抹肉表面即为成品。

三、兔肉肠

（一）工艺流程

兔肉肠的生产工艺流程为：原料肉解冻→预处理→绞肉→腌制→斩拌→灌肠→煮制→成品。

（二）操作要点

（1）原料肉解冻及预处理　将冻兔肉（约 1.5 千克）放入干净的盆中，加入自来水，在室温下解冻，猪背膘（兔肉的 1/9）以同法解冻。将解冻后的兔肉剔除筋骨，切成丁状，解冻后的猪背膘同样切成丁状。将切成丁的原料肉放入绞肉机中绞碎，先慢后快。

（2）腌制　将绞碎的肉加入微量亚硝酸钠（约 0.005%）、食盐 3%、白糖 1%、料酒 2%、复合磷酸盐 3%（2:2:1）、异抗坏血酸钠 0.1%、姜粉 1%、五香粉 0.05%、白胡椒粉 0.3%、葱 1%、草果 0.2%、红曲 0.1%、水 50%、肉蔻 0.1%，拌匀，置于 4℃的冰箱中腌制 24 小时。

（3）斩拌　将腌制好的肉从冰箱中取出倒入斩拌机中进行斩拌，2 分钟后加入 15% 淀粉和 4% 大豆蛋白，2 分钟后加入猪背膘，加背膘时要一点一点添加，使其均匀分布，总斩拌时间控制在 6 分钟左右。斩拌过程中，要向斩拌机中加冰水，控制温度在 10℃以下。

（4）灌肠　从斩拌机中取出肉糜，放到灌肠机中灌制，灌制速度控制在转速 2 转/分钟，灌好后立即打结。若用猪肠衣，则需用针刺孔，排出肠内的气体。

（5）煮制　将灌好的香肠放入蒸煮锅中煮制，温度控制在85℃左右，时间15分钟左右。

四、板兔

（一）工艺流程

板兔的生产工艺流程为：选兔→宰杀、整理→漂洗→腌制→整形→烘烤→烟熏→热水清洗→卤制→卸竹片→修整→风干→刷香油→装袋→真空包装→巴氏灭菌→成品。

（二）操作要点

（1）选兔　选购健康膘肥的青年兔，体重2.5～3千克，经检疫合格后作为原料兔。

（2）宰杀、整理　宰杀前先将兔子用木棒击晕，然后将兔体倒挂于架上，用刀切颈动脉，充分放血。放血后，剥去兔皮，肚腹开膛，取出内脏和脚爪，修去浮脂和结缔组织膜，并擦尽残血。

（3）腌制　将宰杀、洗净的兔坯浸泡于含有食盐、亚硝酸钠、白砂糖、白酒、味精、生姜及天然香料组成的混合液中，腌制2～4天，使食盐及香味物质充分进入兔坯中，在此期间翻动3～4次。腌好的肉，肉块硬实，颜色呈玫瑰红色。天然香料（装入布袋，然后放入腌制液中）的配比（以100千克兔肉计）：八角250克、白芷100克、三奈100克、丁香100克、甘草150克、香草150克、桂皮100克、小茴香100克、草果150克。

（4）整形　将腌好的兔坯用竹片撑成平板状。

（5）烘烤　烘烤温度在220～240℃，通常烘烤40～50分钟，使兔体全身呈现均匀的枣红或橘红色，表皮自里向外有油滴渗出，皮肤光亮油润、有皱纹。出炉后的半成品兔膛水应清澈透明，并带有少许油珠。如膛水呈乳白色、油滴多，净水少或呈浓稠状，则说明烘烤过度。如膛水呈红色且浑浊，无凝结的血块，则说明烘烤不够，未熟透。

(6) 烟熏 将半成品兔坯挂在熏烟炉内的炉架上，在熏烟发生器的炉盘内撒上锯末或硬木屑，生烟后，密闭炉门，焖熏 20~30 分钟，待兔体表面呈茶色或烟棕色时，即为熏烟终点。烟熏处理时，应严格控制生烟炉内的通风情况，以防木屑或锯末燃烧，影响烟熏质量。通常以小股生烟，维持熏烟炉内的温度在 50℃ 左右即可。温度过高或锯末燃烧，易导致兔体焦糊，如温度过低或生烟过小，则延长熏制时间，且影响成品兔的质量。熏烟中含有多种具有防腐作用的化合物，如酚类、醛类等，同时烟熏还可使食品稍有脱水，进一步对保藏有利。

(7) 卤制方法 卤料配方（以 100 千克兔肉计）：八角 50 克、桂皮 30 克、小茴香 30 克、丁香 30 克、三奈 30 克、花椒 40 克、白芷 30 克、砂仁 20 克、甘草 30 克、广木香 30 克、香草 50 克、草果 30 克。将上述香料及生姜用纱布包好，放入夹层锅中（香料袋可连续用 4~5 次），倒入老卤水。水量不够时用清水补充，水量以水面能全部浸没兔肉为宜。打开蒸汽阀门，将水烧开 20 分钟左右，放入半成品兔坯，加入食盐、白砂糖、味精、丁基羟基茴香醚、白酒、焦糖、植物油、苯甲酸钠。待水沸腾后，用勺撇去水面上的浮沫。关小蒸汽阀门，小火保持汤面呈微沸状，焖煮 30~40 分钟即可。

(8) 巴氏灭菌 卤制好的兔坯，卸下竹片，用钳子除去牙齿，剪去结缔组织膜。风干后，刷一层香油装袋，真空包装，然后进行巴氏灭菌，即将装好袋的板兔放入 80~90℃ 的热水锅内，保温杀菌 15 分钟，出锅后即为成品。成品兔保质期可达 6 个月。

五、兔肉干

（一）工艺流程

兔肉干的生产工艺流程为：选料及前处理→初煮→切片→复煮→烘干→检验包装→兔肉干或选料及前处理→初煮→切片→腌制→油炸→拌料→检验包装→兔肉干。

（二）操作要点

（1）选料及前处理　选用 3.5 千克左右、身体肥壮、背宽臀圆、经过严格检疫的成年兔，用清水漂洗兔胴体，洗净残存的血污、细毛等杂质，沥干，以选用家兔前后腿为佳。剔去骨、淋巴、筋腱、肌膜等不宜加工的组织后，切成 200～300 克的肉块。进行剔骨操作时要注意刀的走向，尽量保持肌肉的完整性，同时要剔净全部骨，避免出现碎骨渣，剔骨后要进行整形处理。

（2）初煮　将肉块洗净后置于锅中煮制，用水量以刚没过肉块为宜。初煮的目的是去除兔肉腥味。一般采用清水煮制，为了达到更好的效果，可添加 1%～2% 的鲜姜或少量啤酒，也可加入几根葱或几滴醋。初煮过程中撇去肉汤表面的浮沫。老兔的煮制时间要适当延长，幼兔则适当缩短，煮制时间一般为开锅后 40 分钟。当肉块中心无血水、肉质变硬时即可。

（3）切片　肉块初煮出锅后沥干水分，按照不同要求切条、块、丁，通常切成 2.5 厘米×2.0 厘米×0.4 厘米的条状，要求块形相似、大小一致、厚薄均匀。

（4）复煮、烘干　配方（以 100 千克兔肉计）：食盐 4 千克、白糖 2 千克、酱油 4.5 千克、辣椒 1.5 千克、花椒 0.8 千克、胡椒 1.2 千克、五香粉 0.4 千克、味精 0.2 千克、白酒 0.5 千克、陈皮0.3千克、小茴香0.2千克、抗坏血酸0.05千克、姜葱适量。将初煮剩余的汤用纱布过滤，取1/3肉汤（刚能淹没肉块为宜）加入锅中。肉汤中加入茴香、葱、姜、食盐、白糖、酱油等，茴香用纱布包起来扎紧，抗坏血酸不要加到锅中。加入初煮的肉片，大火煮制0.5小时后改用文火熬煮。期间不停翻拌，以免焦锅。当锅中肉汤减少时酌量添加初煮肉汤，复煮时间为1~2小时。

烘烤可采用烘箱。将肉片平铺在筛网上，放入干燥箱，烘烤前期温度控制在60~70℃，持续2小时，后期温度在50℃，时间为3小时。烘烤时间的长短视具体条件而定，烘烤过程中经常翻动，保持脱水均匀。干燥完成后迅速冷却，然后采用马口铁灌装或真空包装。

（5）腌制、油炸、拌料　兔肉干的脱水也可以采用油炸的方法进行加工，切片后即进行腌制、油炸、拌料和包装。油炸的方法可使产品质地变得酥脆，改善色泽和风味。

配方（以100千克兔肉计）：精盐2千克、白糖2千克、酱油4.5千克、辣椒面2.5千克、花椒面0.5千克、芝麻油1.0千克、五香粉0.2千克、味精0.2千克、白酒0.5千克、小茴香0.3千克、姜葱适量、植物油适量。固体香辛料均磨成细粉，各辅料均取4/5的量与肉片充分拌和均匀，放置15~20分钟进行腌制。通常选用菜籽油或花生油作为炸油，将腌制好的肉片置于160℃油温的热油中进行油炸，保持油炸时间3分钟，肉片色泽金黄即可出锅。油炸时肉片一次不要加得太多，以免油温下降，太少则容易炸煳。将油炸后的肉片捞出，沥干，加入剩余的辅料，翻拌均匀，冷凉后进行包装。

（6）检验包装　包装通常采用普通复合袋，也可进行真空包装，采用真空袋包装保质期可达 2～3 个月；如果装入玻璃瓶或马口铁罐中，则可保存 3～5 个月。

第三节 兔 皮

一、生兔皮的初加工

兔皮经鞣制加工后可做衣领、帽、儿童衣及服饰等，既轻又漂亮，深受人们的欢迎，还可以出口换取外汇。但是，虽然兔皮资源丰富，由于得不到人们的重视或者因技术落后，致使许多漂亮的兔皮因保存不善而腐烂。

（一）兔皮的选择

对于屠宰的兔是否留用兔皮首先要一看二摸。一看，兔的大小及皮毛是否有光泽。营养不良或有病的兔皮不能要；毛稀疏零乱的兔皮不能要；太小的兔皮不能要。要选择被毛有光泽的兔皮。二摸，是摸皮毛是否掉毛，皮毛是否厚实手感好。若掉毛、皮毛薄不能要。一般选用体重 2.5 千克左右的兔并且在 12 月屠宰的皮毛最好。

（二）兔皮的处理方法

屠宰后的兔皮要及时处理，否则会发臭、掉毛、腐烂。首先要铲除皮板上的残肉及残脂，然后进行干燥处理。

1. 淡干皮的干燥法

（1）板皮的淡干皮干燥法

①将初处理后的鲜兔皮贴在稍粗糙的墙上（要尽可能将其拉伸展成长方形），将边贴紧在阴凉处自然干燥。揭皮时顺势不要

揭破。

②将鲜皮毛向外，皮板朝里拉成长方形贴在席上。或者毛向里，把皮板拉成长方形，沿毛边缘缝在席上，在通风阴凉处自然干燥。注意皮板一般不要晒，日晒后易成油浇板，不易浸水，也不能雨淋，否则，易腐烂掉毛。

（2）筒皮的淡干皮干燥法 屠宰后的筒皮可将其毛朝里，板朝外装入废纸、破布等使其内鼓起，也可选用长120厘米、宽3厘米的竹条，弯成弓形，套在皮筒里将其撑起，皮张下端用夹子或小绳扎好，不卷边挂起晾，冬天可晾晒。上述方法简便易行，但易遭虫鼠害。

2. 兔皮的盐干法或盐腌法

（1）兔皮的撒盐法 在稍倾斜的木板或水泥地板上撒上3厘米厚的盐，然后在鲜皮板上均匀撒上占皮重30%～50%的食盐，逐张放至1.5米高，使其出"水"，再进一步自然干燥6～8天即可。若长期保存，可二次倒垛，撒盐，二次盐量为鲜皮重的15%～20%。注意该法所用的盐应以精盐为好，因海盐尤其是未经煮过的日晒海盐纯度差，含菌多，不但防腐效果差，而且易出现盐斑和红斑，故不宜使用。

（2）兔皮的盐腌法

①将鲜皮放入24%～26%的食盐溶液，浸泡16～24小时，然后甩干，将皮挂起晾干，其水分含量约为20%即可。

②将鲜皮放入含15%～20%食盐、2%～3%碳酸钠、1%硅氟酸钠的混合液中，腌制15～24小时即可。取出把皮板垛在斜面上，半月打包收起。该法加工的生兔皮不僵硬，不生虫，回软充水好。

以上淡干皮的干燥法适合干燥地区或者是冬季及凉爽季节取

皮，若在湿热地区或夏天屠宰的兔，采用自然干燥法，因气温高、潮湿多雨，腐败菌、致病菌繁殖快，易引起毛松脱落。因此，可采用盐干法或盐腌法，以抑制微生物的繁殖，达到防腐的目的。

二、肉兔皮裘皮鞣制

传统的肉兔生产，由于饲养、品种等因素的影响，肉兔皮被毛品质较差，张幅较小，一直被视为养兔生产的副产物，未能得到开发利用。齐卡兔及其杂交品种，毛被浓密、飘逸，皮板纤维编织细致、柔软，张幅大。通过鞣制，可获得较高档次的裘皮，提高肉兔综合利用价值。

（一）工艺流程

肉兔皮裘皮鞣制工艺流程为：选皮→浸水→去肉→脱脂→浸酸→醛鞣→搭马→加脂→干燥→铲软→梳毛→入库。

（二）技术要点

（1）选皮　生皮的选择十分重要，它直接关系裘皮的质量和经济效益。因此，选皮时要先将毛被质量好、张幅面积在 1 100 厘米^2 以上的兔皮选出，作为制裘用，然后再将老板皮与适龄兔皮分开，分批鞣制，以得到优质裘皮。

（2）浸酸　浸酸要充分，以促使纤维更好地分离分散。酸液配制为：每升水加硫酸 5 克、食盐 20 克、芒硝 50 克。浸酸时间为 16 ~ 24 小时。

（3）鞣制　选甲醛为鞣剂，鞣液配制为每升水加甲醛 6 克、食盐 10 克、芒硝 60 克，鞣制时间 48 小时。

（4）减少污染　为了减少鞣制对环境带来的污染，所用甲醛鞣制液采取重复使用的办法，同时也可降低生产成本。

所获兔裘皮平均毛长 3.4 厘米，平均面积 1 088 厘米^2，收缩温度 80℃，撕裂强度 7.5 牛顿/毫米^2。裘皮毛被丰厚、飘逸，板质柔软、轻薄、透气、弹性好。

第四节　兔　粪

近年来，我国家兔的养殖量迅速增长，规模化企业数量大幅增加，1 只成年家兔每年排泄粪便逾 100 千克。家兔白天排出硬粪，夜间排出软粪。软粪含干物质 31%，硬粪为 53%，软粪来源于盲肠，包括受微生物作用过的食糜和大量未被吸收的蛋白质、维生素，特别是 B 族维生素更为丰富。家兔借助于"食粪"的生理功能，使软粪中的营养物质再消化，再吸收。通常所指兔粪是硬粪部分。

由于其粪便中富含氮、磷，且不可避免地含有寄生虫及部分致病微生物，如果不加以处理，一定会造成水源及土壤的污染，严重影响环境卫生和人类健康。同时，兔粪作为一种高效的有机肥料，具有很高的利用价值，每 100 千克兔粪中氮、磷、钾及有机质含量分别为 25.55 克、5.07 克、6.59 克、660.4 克，含量均高于其他家畜粪便。据测算，每 100 千克兔粪相当于硫酸铵 10.85 千克，过磷酸钙 10.94 千克，硫酸钾 1.79 千克的肥效。焚烧和填埋一直是兔粪处理的主要方式，不仅污染环境，还会传播病原菌，这些利用方式也浪费了宝贵的资源，合理有效的利用方式是将兔粪通过加工灭菌，变成有机肥料或饲料。

一、兔粪的价值

（一）营养价值

据美国《实用家兔研究》报道，风干兔粪含水 7.9%，干物质 92.1%。Eden 分析，家兔硬粪含粗蛋白质 9.2%，粗脂肪 1.7%，粗纤维 28.9%，无氮浸出物 52.0%，粗灰分 8.2%，磷 1.3%，钠 0.11%，钾 0.57%。Ferrando 等研究得出，每 100 克硬粪干物质中含天门冬氨酸 0.97 克，苏氨酸 0.54 克，丝氨酸 0.45 克，谷氨酸 1.006 克，脯氨酸 0.54 克，甘氨酸 0.62 克，丙氨酸 0.58 克，缬氨酸 0.63 克，蛋氨酸 0.13 克，亮氨酸 0.53 克，酪氨酸 0.24 克，苯丙氨酸 0.54 克，赖氨酸 0.60 克，组氨酸 0.25 克，精氨酸 0.35 克，亮氨酸 0.89 克。据报道，每克兔硬粪含烟酸 39.7 微克，核黄素 9.1 微克，泛酸 8.4 微克，维生素 B 族 0.9 微克。试验证明，3 千克新鲜兔粪所含粗蛋白、粗脂肪和无氮浸出物等营养成分与 1 千克麸皮相当。另据报道，每千克干兔粪含可消化粗蛋白质 57 克，相当于苜蓿干草的 1/2。

（二）肥效价值

据 P. R. Cheeke 研究，兔粪约含氨 3.7%，磷 1.6%，钾 3.5%，比牛粪高 0.8%、0.9% 和 1.4%。据报道，1 只成年兔年积粪 100～150 千克，相当于化肥 23～34.5 千克，其中相当于硫酸铵 11～16.5 千克，过磷酸钙 10～15 千克，硫酸钾 2～3 千克，且能改良土壤团粒结构，提高土壤肥力，对作物增产效果明显。

（三）其他价值

何正寅用兔粪烟熏治僵蚕菌，效果显著。张文举在田间施用兔粪，能消灭或减少蝼蛄和红蜘蛛等；把兔粪堆积，用水（加水 80%）浸沤 3 周左右，施于蕃茄、白菜、豆角等蔬菜的根旁，可防治地下害虫咬啮幼苗根部。兔粪可用于发酵产生沼气等。

二、兔粪的利用

(一)作养殖饲料

（1）喂猪　兔粪中粗蛋白质、粗脂肪、无氮浸出物含量高，且含有维生素等营养成分。2千克兔粪粗蛋白质含量相当于1千克苜蓿干草。因此，把兔粪作为一种新的饲料资源加以开发利用，具有重要的现实意义。将兔粪晒干，粉碎后混合在饲料中喂猪，适口性好，生长快，无不良反应。辽宁新金县养兔户刘素芬，用180只家兔的粪便及落地饲料喂90头猪，216日龄出栏，平均头重105千克，日增重525克，每头肥猪节省精料15%～20%。于玉群报道，用102头猪分为对照组和试验组，进行3个月兔粪喂饲试验，试验第1、2、3个月分别在日粮中添加10%、20%、30%的兔粪，结果试验组每千克增重耗粮（大麦）2.37千克，而对照组为3.33千克，每增重1千克毛重，试验组比对照组少用大麦0.96千克。姚尚旦等用新鲜兔粪代替麸皮，对照组在基础日粮中加31%的麸皮，试验组按3∶1折算加鲜兔粪，结果试验组料肉比为1.91∶1，对照组为2.81∶1。用新鲜兔粪喂猪，猪肉的色、香、味、嫩等4项指标与对照组无差异，说明对猪肉食用价值无不良影响。具体做法是：首先去泥、去杂，要选择不发霉、无污染的兔粪，在阳光下暴晒2～3天，粉碎后喷洒开水，加水量以兔粪手握成团、落地即散为宜。然后装入水缸或塑料袋内，压紧封严进行厌氧发酵，也可加入菌液发酵。夏天一般需要1～2天，冬天时间稍长一些，发酵温度达到40℃时即可使用。这样既可杀菌，又能提高兔粪的适口性。有时夏季将收集到的新鲜兔粪搓碎，拌入青草、青菜，加入适量水，以拿起不滴水为原则。然后装缸或装窖压实，上面撒布麸皮、草糠、米糠等进行保温，密封 1~2 天后用。发酵后的兔粪酸香可口，此法多用于夏、秋季节。发酵后的兔粪松散柔软，有酒香味，适口性较好，猪比较愿意采食，一般仔猪添加 10%～15%，育肥猪添加 15%～25%。但在家畜日粮中添加量应以兔粪中所添加的麸皮、米糠等的数量来确定，多加麸皮可适当增加喂量，但要定期驱虫。一般每 1 个月用左旋咪唑驱虫 1 次，还应在育肥猪出栏前 20 天停喂。

（2）饲喂肉用仔鸡　美国科技人员将 120 只 1 日龄肉用仔鸡分为 4 组，用兔粪代替日粮中的玉米，分别配成含兔粪 0%、10%、15% 和 20% 的试验日粮，所有试验组日粮中能量、蛋白质含量相同。饲喂 8 周后，各组只均重分别为 2 131 克、2 139 克、2 135 克和 2 032 克，料重比为 1.85、2.10、2.14 和 2.29，无显著差异。多次试验表明，兔粪的代谢能或许低些，但可能是良好的蛋白质源。经在河北省藁城畜牧场用干兔粪代替 17.5% 玉米喂艾维因肉鸡试验，试验组与对照组无明显差异，说明兔粪可以代替部分玉米饲喂肉鸡。

（3）养蚯蚓　许多养兔生产者在兔粪的粪床内生产蚯蚓，但粪床不可放在兔笼的下面及兔舍内。作为蚯蚓的饲料，需对兔粪进行一定的加工。新鲜的兔粪不能直接用作饲料，通过干、湿 2 种发酵方法，均能达到目的。干发酵是不用洒水直接发酵，湿发酵是通过拌入一定比例的水进行发酵，虽然干发酵比较易于贮藏，但使用前需加入一定比例的水进行搅拌并存放。湿发酵仅需发酵便可作为饲料饲喂蚯蚓，但仅使用兔粪饲喂还不足以满足需要，最好能收集一部分猪、鸡、牛的粪便共同发酵，饲养效果会更好。

（4）养鱼　鱼塘放以兔粪，能增加磷素，提高水产品的产量。选用新鲜兔粪，去除杂质，滤干尿液后直接扬撒，用量为100 克/米^2。河北省涉县畜牧水产局曾用家兔屠宰下脚料（包括兔粪及部分兔胃肠）喂鱼，大大提高了产量。方法是：将屠宰下脚料（包括胃肠道中的粪便）放入锅中，加水煮熟后再加入玉米面、麸皮、谷糠等，继续煮沸 5 分钟（下脚料占 60%、混合精料占 40% 左右），使之成为稠粥样。取出放在水泥地上再掺入一部分玉米面、麸皮、谷糠等组成的混合精料，晒干制成颗粒饲料喂鲤鱼，适口性好，生长快，经 90 天饲养，使鲤鱼每公顷产量增收 50% 左右。

（二）作种植肥料

兔粪对农田有压碱、松地、耐涝、抗旱作物。据报道，用兔粪尿等堆积的粪肥，可使粮食亩产增收 200 千克，皮棉亩产增加 60 千克左右。用兔粪液喷施农作物，可有利于叶面吸收和提高农作物总产量。据报载，将兔粪碾碎，按 1∶7 的比例与开水混合，冷却后过滤，然后将小麦种浸在兔粪水中，24 小时后播种，可明显提高小麦产量。

（1）种蘑菇　兔粪与各类畜、禽粪比较，其干物质含量最高，粪球圆硬光滑，间隙均匀，透气性好，很适合与农作物秸秆混合栽培食用菌。传统的食用菌栽培方法一般是采用棉籽壳作培养基，种菇成本太高，比较效益相对低。以兔粪为主，添加农作物秸秆作为培养基的科学栽培法能生产出营养丰富、味道鲜美的食用菌产品。而利用兔粪种菇，既解决兔粪露天堆放容易对环境造成污染的问题，又以富有营养的鲜菇填补了冬、春季节蔬菜市场种类的不足。

鲜菇品种繁多，在栽培中生产管理要求较为粗放，形式多样，既可露天阳台栽培，也可利用棚窖实行保护地栽培，面积可视自家拥有的培养料数量灵活掌握。培养料按兔粪与农作物秸秆1∶1的比例加入3%的生石灰粉搅拌均匀，装袋接上栽培菌种，菌种用量在10%～13%为宜。中秋节前后播种，经15～20天的发酵时间，就可采收上市出售。在中等管理水平下，以兔粪、农作物秸秆的干物质为标准计算，鲜菇生物转化率可达200%，也就是用0.5千克干料可生产转化出1千克鲜菇。由于兔粪中含有大量的B族维生素和未消化物质，有机质含量高、营养丰富。利用兔粪种菇时不用像常规栽培法那样添加尿素、磷酸二铵、复合肥等化学肥料，所采收的鲜菇纯属绿色天然保健食品，经常食用对于软化心脑血管、预防中风、缓解高血压症状、改善糖尿病人的代谢状况都有着良好的食疗和药疗作用。

（2）种小麦　利用兔粪种植小麦，是通过发酵的兔粪尿对小麦浸种，改善小麦种子的营养，促进小麦苗全苗壮，陈兔尿浸种2小时以上，可以使小麦发芽早，长势好。据统计，利用兔粪液浸过种的小麦，可以增产9.2%。

（3）养花　兔粪是很好的有机农肥，含氮、磷、钾高，是养花的好肥料。具体做法是：将5千克兔粪清除粪中杂质和兔尿液，拌入5千克黑土或黑沙土，与粪拌均匀，用原塑料袋封装，在25～30℃室温或太阳下存放，直至发酵后贮存。需用时取100克的发酵兔粪投入1 000毫升的瓶装清水里盖严，3～5天后，兔粪溶解，粪液兑水1倍浇花，达到花盆土湿透但不流淌为止，15天浇一次。兔粪养花效果好，花叶深绿亮光，花期也增加。

（4）种植其他作物　利用堆肥发酵等方法处理过的兔粪种植作物，肥效同样较高，由于兔粪中矿物质含量较高，增产效果要好于其他动物粪便。

（三）其他用途

（1）生产沼气 兔粪可用于生产沼气。瞿伯以用84个笼位的兔粪为沼气原料，建筑6米³投料发酵池和1米³的出料池，两池相通，发酵池与兔舍的粪沟相连，出料池把多余的粪水溢出。11~12月每天产气15~29厘米水柱高，约0.18米³，平均昼夜产气20~50厘米水柱高，可用于沼气灯、炉、红外线辐射等。东台市唐洋种兔场养兔112只，建一座兔粪沼气池，供全场照明、烧饭，沼气渣还田肥田。

（2）叶面喷施 苹果树叶面喷施鸡、兔粪浸出液，效果明显好于喷布0.5%的尿素溶液，并可避免土施鸡粪易生蛴螬的弊端。据试验：喷布0.5%尿素液的坐果率为20.4%，喷布鸡粪、兔粪浸出液的坐果率分别为27.7%、27.1%，并且枝梢粗壮，叶片浓绿肥厚。春梢停止生长早，花芽分化进程快，果实个大，风味浓郁，含糖量高。具体做法是：将充分干燥的兔粪1份轧碎放入缸内（轧的越细碎浸提的越完全）加5份清水混匀制成浓度为20%的母液。缸口用塑料布封严，置于避风向阳处发酵，每隔4~5天搅拌1次。经过2~3周的发酵，母液就可充分腐熟。腐熟的母液，其表面长有大量的霉状物。将母液过滤，然后每1千克母液加水1.5千克稀释，即可用于叶面喷施。整个生长季节共喷5次，第1次在盛花前，冀东地区在4月中旬；第2次在新梢旺长期（5月中旬）；第3次在春梢缓慢生长期（6月下旬）；第4次在7月下旬；第5次在8月中、下旬。

（3）土农药 兔粪有杀虫灭菌、抗旱保墒等作用，是一种无公害的土农药。施用兔粪尿的土壤，能减少蝼蛄、红蜘蛛、黏虫等地上和地下的害虫。兔粪制剂具体制作方法：每1千克兔粪加10千克水，装入桶内密封沤制20天，用时搅拌均匀。兔粪制剂浇在瓜菜根部可以防治蔬菜病虫害。用兔粪熏烟可杀死僵蚕菌，使蚕茧丰收。

三、兔粪的处理方法

堆肥作为一种常见的粪便处理技术，广泛适用于动物粪便的再利用处理，兔粪也不例外，经过堆肥处理的兔粪，可以用于以上介绍过的养殖、种植业等领域。此外，还可以通过煮沸或喷洒EM菌剂处理兔粪，效果也非常好。

（一）兔粪堆肥技术

相比于厌氧堆肥，好氧堆肥对粪便的处理更彻底，并且厌氧堆肥发酵速度慢，密闭容器较难选择，产生的发酵物有酸味，兔粪堆肥，多采用好氧发酵，好氧发酵的产品不含病原菌，无臭无味，有机物变成腐殖质后，不但利于植物吸收，还保护了环境。

（1）堆肥选料和堆肥方式　兔粪的碳氮比较小，可以单独堆肥，也可以与秸秆、杂草、淤泥等按照一定比例混合堆肥。首先要去除金属、塑料、玻璃渣和木材等杂质，按照设定的碳氮比进行调配。按照定好的重量，将兔粪堆成圆锥体，堆体体积不宜过大，否则影响发酵效果，如果有条件，可以在堆体下面放置纱网，离地约10厘米便于通风，后期不用翻动。发酵过程中，遇到下雨需增加防水设施，避免雨水淋湿。

（2）堆肥过程　采取一次堆肥或者二次堆肥均可。利用二次堆肥的方法可以使原料发酵程度更高，效果更明显，一部分在一次发酵过程中没有完全腐熟的有机物基本在二次发酵中均能得到有效分解。在堆肥初期，堆体温度从常温逐渐上升到40℃，分解底物以糖类和淀粉为主，当温度达到 40~45℃ 时，进入高温阶段，此时嗜热微生物成为主导菌群，这个时期大量的纤维素和蛋白质被分解，与其他动物粪便的堆肥一样，是最佳的堆肥温度。多数微生物在这个温度下最为活跃，分解效果最好，能够杀死病原菌和寄生虫，随着温度的升高，大部分微生物进入死亡或休眠阶段，由于微生物活动性的降低堆体温度开始下降并趋于稳定，这个时期为腐熟时期。一次堆肥时间大约为 30 天，如果温度超过 65℃，需要进行翻堆处理以降低温度。腐熟的兔粪颜色为褐色，且没有臭味，质地松软，如果要继续进行二次堆肥，可以原地继续堆置，或者送至发酵室堆成 1~2 米高的堆垛继续发酵并腐熟，时间为 20~30 天。

（3）堆肥后处理及贮存　堆肥后，要对发酵熟化的堆肥进行再处理。兔粪堆肥因其质地较为细腻，经过前期筛选一般不需要进行后处理，发酵完成的兔粪可直接存放，也可以袋装，存放地点要注意通风干燥。

（4）堆肥需要注意的问题　一是要做好原料处理，如果要加入一定数量的秸秆，尤其是玉米秸，要首先粉碎成 5 厘米长的碎段，这样才能充分吸水浸泡。二是要注意水分控制，水对于微生物的新陈代谢来说必不可少，如果堆体温度过高，水分蒸发还有降温的作用，但如果水分过高，会导致通风受阻，影响发酵，所以要保证堆体内水分的适量均匀。一般兔粪堆体以保证最大含水量的 60%~70% 为宜，尤其要防止堆置浸润过程中的水分外流。三是注意控制堆体温度，做好通风，不但能够促进微生物的繁殖，也是控制温度最有效的手段，如果有条件可将堆体放置于纱网上，能够达到良好的通风效果，虽然初始水分和碳氮化在合理范围内均能正常发酵，但如果温度上升速度较快，则要进行翻堆处理，另外，堆肥的环境温度不能过低，如果低于 5℃ 很难启动发酵。

（二）喷洒 EM 菌发酵

对于环境温度较低的北方地区，喷洒微生物对兔粪进行发酵处理效果更好对于快速启动发酵，降低环境影响效果明显。发酵好的兔粪同样可以作为饲料和肥料使用。

（1）发酵过程　先将兔粪进行处理，将兔粪粉碎，加入一定量的豆粕或玉米面，再加入一定量的水，以用手紧握指缝有水滴渗出但不下滴为宜，使兔粪混合物的含水量达到 60% ~ 65%，喷洒用红糖水拌过的微生物制剂放入发酵池进行发酵。在常温状态下，发酵 5 天以内即可，如果温度较低，需延长发酵时间，温度在 10℃ 以下，需要发酵 10 ~ 15 天。发酵好的兔粪可以直接作为肥料使用，也可以添加到饲料中饲喂动物，另外，微生物制剂也可以直接喷洒到粪便表面用于改善兔舍的环境。

（2）注意事项　一是如果要将发酵好的兔粪作为饲料或肥料使用，必须在密闭状态下进行且随用随取，即刻密封这样可以保证发酵好的兔粪数月不变质，如果没有条件密封保存，需要在 7 天使用完。二是要注意原料兔粪的选择。病兔的粪便不能使用，还要尽量排除抗生素、杀菌剂对微生物制剂的抑制。三是发酵时间要充分。发酵好的兔粪有酒曲味道，完全没有酸臭的感觉，如果未充分发酵，就不能充分杀灭有害菌和寄生虫，也不利于动植物的吸收。四是兔粪量要适当，不能完全填满，否则排出的气体容易涨破容器。

四、其他处理方法

（一）干燥法

将不发霉、无污染的兔粪晒干、粉碎，在干净的水泥地面上铺成很薄的一层，暴晒 3 小时以上，当水分降到 10% 以下时粉碎，然后按比例拌入饲料中喂猪。这种方法适用于小规模的兔场，夏季多采用此法。

（二）浸泡法

把晒干的兔粪粉碎后装入缸、盆等容器中，加入沸水搅拌，调成糊状投喂。

（三）煮沸法

收集新鲜兔粪，然后加入麸皮等饲料，煮沸 10 ~ 15 分钟，拌入饲料中喂猪。此法多用于冬季。

（四）化学处理法

化学处理法主要是用一些酸碱试剂，利用化学反应处理兔粪。将自然干燥粉碎后的兔粪按每千克兔粪加入 4% 的苛性钠水溶液 2 千克浸泡，或均匀拌入 0.1% 甲醛溶液 200 毫升，喂时再行晒干。此法可杀死兔粪中的病原微生物，但不会破坏营养成分，能提高营养价值和增加畜禽对兔粪的进食量。

（五）碱液处理法

把晒干粉碎的兔粪装入缸内，按 50 千克兔粪加入 4.0% 的氢氧化钠水溶液 100 千克的比例浸泡 24 小时，捞出后放入清水中，沥干后即可用于喂猪。

（六）发酵法

将兔粪暴晒 2 ~ 3 天，粉碎后喷洒开水，加水量以兔粪手握成团、落地即散为宜，然后装入水缸或塑料袋内，压紧封严进行厌氧发酵，当发酵温度达到 40℃即可使用。夏天一般需要 1 ~ 2 天，冬天时间稍长一些。此法既可杀菌，又能提高兔粪的适口性。

堆肥和喷洒微生物制剂是最有效的实现兔粪再利用的途径，兔粪作为一种优质的饲料和肥料，必须加强利用，对减少环境污染和降低种植、养殖成本都有非常积极的作用。

主要参考文献

［1］李震钟. 2000. 畜牧场生产工艺与畜舍设计［M］. 北京：中国农业出版社.

［2］李福昌. 2009. 兔生产学［M］. 北京：中国农业出版社.

［3］谷子林，薛家宾. 2007. 现代养兔实用百科全书［M］. 北京：中国农业出版社.

［4］陈树林，孙志宏. 2005. 家兔养殖新技术［M］. 杨凌：西北农林科技大学出版社.

［5］郑军. 2006. 养兔技术指导［M］. 第 3 次修订版. 北京：金盾出版社.

［6］桑英智. 2003. 规模化肉兔场后备兔的选育与核心群的组建［J］. 中国养兔，4：15 - 16.

［7］刘宁，江涛. 2003. 兔舍环境调控技术［J］. 中国畜牧杂志，39（2）：58.

［8］王万平，曹洪清. 2003. 家兔选种的主要依据［J］. 养殖技术顾问，11：208.

［9］庞有志. 2009. 家兔品种的选种与选育（上）［J］. 中国养兔，2：26 - 29.

［10］庞有志. 2009. 家兔品种的选种与选育（下）［J］. 中国养兔，4：24 - 26.

［11］谷子林. 2003. 怎样养獭兔多赚钱［M］. 石家庄：河北

科学技术出版社.

　　[12] 郑艳华，张宝庆.2002.庭院养兔 [M].北京：中国农业出版社.

　　[13] 李福昌，朱瑞良.2002.长毛兔高效养殖新技术 [M].济南：山东科学技术出版社.

　　[14] 杜绍范，刘凤翥，等.1999.养肉兔 [M].北京：农村读物出版社.

　　[15] 张玉，时丽华，等.2006.獭兔饲养技术 [M].北京：中国农业出版社.

　　[16] 谷子林，高振华，等.2002.肉兔多繁快育新技术 [M].石家庄：河北科学技术出版社.

　　[17] 周元军，周秀岩，等.2001.獭兔饲养简明图说 [M].北京：中国农业出版社.

　　[18] 马国柱，马坚进.1998.现代企业经营管理学 [M].上海：立信会计出版社.

　　[19] 张治中，赵丽平.2008.獭兔肉保鲜加工新技术研究 [J].农产品加工，(10)：66－67.

　　[20] 沈幼章，王启明，等.2006.现代养兔 [M].北京：中国农业出版社.

　　[21] 顾仁勇，姚茂君，等.2009.肉干、肉脯、肉松生产技术 [M].北京：化学工业出版社.

　　[22] 杨佳，佳艺，等.2012.兔肉营养特点与人体健康 [J].食品工业科技，33 (12)：422－426.

　　[23] 杨佳艺，李洪军.2010.我国兔肉加工现状分析 [J].食品科学，31 (17)：429－432.

　　[24] 刘玉荣.板兔的加工技术 [J].肉类工业，2001 (1)：

28 - 29.

[25] 陈博，雷雪飞，等. 2009. 家兔脏器生化药物的研究现状 [J]. 中国养兔杂志，6（6）：6 - 8.

[26] 庞有志，李宏伟. 2001. 家兔脏器生化药物与生产开发 [J]. 畜禽业，（9）：62 - 63.

[27] 孟正平，杨爱祥. 1996. 家兔粪便的价值与利用 [J]. 中国养兔杂志，（1）：34 - 63.

[28] 雷振芳. 2009. 兔粪的综合利用方法 [J]. 广西畜牧兽医，25（5）：293 - 295.

[29] 陈岩锋，谢喜平，等. 2009. 我国养兔业现状与发展对策 [J]. 中国养兔，（5）：24 - 26.